河道治理
与生态修复工程研究

刘桂玲　褚　丽　李红亮 ◎主编

吉林科学技术出版社

图书在版编目（CIP）数据

河道治理与生态修复工程研究 / 刘桂玲，褚丽，李
红亮著. -- 长春：吉林科学技术出版社，2022.9
ISBN 978-7-5578-9700-0

Ⅰ．①河… Ⅱ．①刘… ②褚… ③李… Ⅲ．①河道整
治—研究 Ⅳ．①TV85

中国版本图书馆 CIP 数据核字(2022)第 178075 号

河道治理与生态修复工程研究

著	刘桂玲 褚 丽 李红亮
出 版 人	宛 霞
责 任 编 辑	郝沛龙
封 面 设 计	金熙腾达
制 版	金熙腾达
幅 面 尺 寸	185mm×260mm
开 本	16
字 数	321 千字
印 张	10.5
版 次	2022 年 9 月第 1 版
印 次	2023 年 3 月第 1 次印刷
出 版	吉林科学技术出版社
发 行	吉林科学技术出版社
地 址	长春市净月区福祉大路 5788 号
邮 编	130118

发行部电话/传真 0431-81629529 81629530 81629531
81629532 81629533 81629534

储运部电话 0431-86059116

编辑部电话 0431-81629518

印 刷 三河市嵩川印刷有限公司

书 号 ISBN 978-7-5578-9700-0
定 价 65.00 元

前　言

河流是生态系统的重要组成部分，是连接陆地生态系统和海洋生态系统的桥梁与纽带。自然状态下，河岸带特殊的生境是各种生物生活和栖息的天堂。然而，人们为了汲水、沐浴、嬉戏，采取砍伐、火烧等手段清除河岸带植被，以形成一条条能免除荆棘羁绊、蛇蝎攻击和猛兽威胁的通道；人们为了农业生产、城镇建设，对河流（或河道）裁弯取直、侵占滩涂，与水争地；人们为了行洪排涝、灌溉供水，渠化、硬化河道；人们为了交通航运，建设码头、缩窄河道。凡此种种，不一而足，这些看似体现"以人为本"理念的做法，其带来的结果却与人们的初衷背道而驰。原来可以淘米、洗菜的河水，现在连洗衣、洗脚都不行了；原来养育着肥美鱼虾的河水，现在连虫子都少见了。如果说人类文明的基础是人与人之间的相互理解、相互尊重，那么生态文明的基础就是对生态系统的理解与尊重。人类的建设活动应该建立在理解生态系统、尊重生态系统存在与演替规律的基础之上，在生态系统能够承载的限度之内索取人类生存、发展所需的物质资源和环境资源，最终实现人与自然和谐相处、社会经济可持续发展的目标。

近年来，我国对河流环境的维护越来越重视，科学技术的发展使多层面生态修复技术的概念广受欢迎，多层面生态修复技术已经成为治理和维护河道环境的最终目标。本书立足于河道治理与生态修复工程的理论和实践两个方面，首先对河流、河流河道生态的概念进行简要概述，介绍了生态河道构建工程措施、河道生态防护与修复技术等；然后对村屯河道的标准化治理的相关问题进行梳理和分析；最后在河道生态治理与修复中的植物措施以及黑臭河道的治理与修复方面进行探讨。本书论述严谨、结构合理、条理清晰、内容丰富，能为当前的河道治理与生态修复工程相关理论的深入研究提供借鉴。

在本书的撰写过程中，参阅、借鉴和引用了国内外许多同行的观点和成果。各位同人的研究奠定了本书的学术基础，对河道治理与生态修复工程研究的展开提供了理论基础，在此一并感谢。另外，受水平和时间所限，书中难免有疏漏和不当之处，敬请读者批评指正。

目 录

第一章　河流及河流生态

第一节　河流概述

一、河流的基本概念

（一）河流的概念

河流（river）一词来自法文 rivere 及拉丁文 riparia，是岸边的意思。不同出处对河流的定义有所差异。

《辞海》中定义：河流是沿地表线低凹部分集中的经常性或周期性水流。较大的叫河，较小的叫溪。

《中国水利百科全书》中定义：河流是陆地表面宣泄水流的通道，是溪、川、江、河的总称。

《中国自然地理》中定义：由一定区域内地表水和地下水补给，经常或间歇地沿着狭长凹地流动的水流。

《河流泥沙工程学》中明确：河流是水流与河床交互作用的产物。

综合以上各种解释，可以把河流定义为：河流是汇集地表水和地下水的天然泄水通道，是水流与河床的综合体，也就是说，水流和河床是构成河流的两个因素。水流与河床相互依存，相互作用，相互促使变化发展。水流塑造河床，适应河床，改造河床；河床约束水流，改变水流，受水流所改造。

通常人们理解的河道是河流的同义词，简而言之，河道就是水流的通道。本书采用人们通常理解的河道是河流的同义词的说法。为尊重约定俗成的表述，在本书的阐述中有时称河道，有时称河流。

（二）河流相关概念

天然河谷中被水流淹没的部分，称为河床或河槽（如图 1-1 所示）。河谷是指河流在长期的流水作用下所形成的狭长凹地。水面与河床边界之间的区域称为过水断面，相应的面积为过水断面面积，或简称为过水面积，它随水位的涨落而变化。显然，过水断面面积随水位的升高而增大。

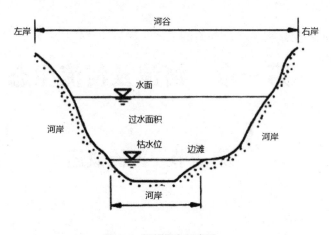

图 1-1 河槽形态示意图

天然河道的河床，包括河底与河岸两部分。河底是指河床的底部；河岸是指河床的两边。河底与河岸的划分，可以以枯水位为界，以上为河岸，以下为河底。面向水流方向，左边的河岸称为左岸，右边的河岸称为右岸。弯曲河段沿流向的平面水流形态呈凹形的河岸称为凹岸，呈凸形的河岸称为凸岸。在河流的凹岸附近，水深较大，称为深槽。两反向河湾之间的直段，水深相对较浅，称为浅滩。深槽与浅滩沿水流方向通常交替出现，具有一定的规律，如图 1-2 所示。

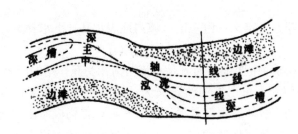

图 1-2 河流深槽、浅滩、深泓线、主流线、中轴线示意图

深泓线是指沿流程各断面河床最低点的平面平顺连接线。主流线（水流动力轴线）指沿流程各断面最大垂线平均流速处的平面平顺连接线。中轴线指河道在平面上沿河各断面中点平顺连线，一般以河槽的中心点为依据定线，它是量定河流长度的依据。深泓线、主流线、中轴线的位置如图 1-2 所示。

二、河流的补给来源

河流的水源补给是指河流中水的来源，河流的水文特性在很大程度上取决于水源补给类型，我国河流的水源补给有以下三种类型：

（一）雨水补给

河流的雨水补给是我国河流补给的主要水源，由于各地气候条件的差异，不同地区的河流雨水补给所占的比例有较大的差别。我国雨水补给量的分布，基本上与降水的分布一致，一般由东南向西北递减。

秦岭以南、青藏高原以东地区，雨量充沛，河流主要是雨水补给，补给量一般占河川年径流量的 60% ~ 80%。在这些地区冬天虽有降雪，但一般不能形成径流。东北、华北地区的河流虽有季节性积雪融水和融冰补给，但这部分水源仍占次要地位，雨水仍是各河流的主要补给源。黄淮海平原河流的雨水补给比重最大，占年径流量的 80% ~ 90%，东北和黄土高原诸河雨水补给量占年径流量的 50% ~ 60%。西北内陆地区雨量少，河流以高山冰雪融水补给为主，雨水补给量居次要地位，一般只占年径流量的 5% ~ 30%。

以雨水补给为主的河流，其水情特点是水位与流量增减较快，变化较大，在时程上与降水有较好的对应关系。由于雨量的年内分配不均匀，径流的年内分配也不均匀，且年际变化也比较大，丰枯水现象明显。

（二）冰雪融水补给

冰雪融水包括冰川和永久积雪融水及季节性积雪融水。冰川和永久积雪融水补给的河流，主要分布在我国西北内陆的高山地区。位于盆地边缘面临水汽来向的高山地区，气候相对较温润，不仅有季节雪，而且有永久积雪和冰川，因此高山冰雪融水成为河流的重要补给源，在某些地区甚至成为河流的唯一水源。

季节性积雪融水补给主要发生在东北地区，补给时间主要在春季。由于东北地区冬季漫长，降雪量比较大，如大、小兴安岭地区和长白山地区，积雪厚度一般都在 0.2m 以上，最厚年份可达 0.5m 以上，春季融雪极易形成春汛，这种春汛正值桃花盛开之时，所以也称为桃花汛。这种春汛形成的径流，可占年径流量的 15% 左右。华北地区积雪不多，季节积雪融水补给量占年径流量的比重不大，但春季融水有时可以形成不甚明显的春汛。季节性积雪融水补给的河流，其水量的变化在融化期与气温变化一致，径流的时程变化比雨水形成的径流平缓。

冰雪融水补给主要发生在气温较高的夏季，其水文特点是具有明显的日变化和年变化，水量的年际变化幅度要比雨水补给的河流小，这是因为融水量与太阳辐射、气温的变化一致，且气温的年际变化比降雨量的年际变化小。

（三）地下水补给

地下水补给是我国河流补给的普遍形式，特别是在冬季和少雨或无雨季节，大部分河流的水量基本上都来自地下水。地下水在年径流中的比例，由于各地区和河道本身水文地质条件的差异有较大区别。例如，东部湿润地区一般不超过 40%，干旱地区更小。青藏高原由于地处高寒地带，地表风化严重，岩石破碎，有利于下渗，此外还有大量的冰水沉积物分布，致使河流获得大量的地下水，如狮泉河地下水占年径流的比重可达 60% 以上。我国西南岩溶地区（也称为喀斯特地区），由于具有发达的地下水系，暗河、明河交替出现，成为特殊的地下水补给区。

地下水实际上是雨水或冰雪融水渗入地下转化形成的，由于地下水流运动缓慢，又经过地下水库的调节，所以地下径流过程变化平缓，消退也缓慢。因此，以地下水补给为主的河流，其水量的年内分配和多年变化都较均匀。对于干旱年份，或者人工过量开采地下水以后，常使地下水的收支平衡遭受破坏，这时河流的枯水（基流）将严重减少，甚至枯竭。

除少数山区出现间歇性小河外，一般河流常有两种及以上的补给形式，既有雨水补给也有地下水补给，或者还有季节性积雪融水补给。从这些补给中获得的水量，不同的地区或同一地区不同的河流都是不同的。如淮河到秦岭线以南的河流，只有雨水和地下水补给，以北的河流还有季节性融雪补给，西北和西南高原河流，各种补给都存在。山区河流补给还具有垂直地带性，随着海拔的变化，其补给形式也不同。如新疆的高山地带，河流以冰雪融水、季节性积雪融水补给为主；而在低山地带以雨水补给为主；中山地带冰雪融水、雨水和地下水补给都占有一定比重。同一河流的不同季节，各种水源的补给量所占的比例亦有明显差异。如以雨水补给为主的河流，雨季径流的绝大部分为降雨所形成，而枯水期则基本靠地下水补给来维持。东北的河流在春汛径流中，大部分为季节性融水，而雨季的径流主要由雨水形成，枯水季节则以地下水补给为主。

虽然地下水是河流水量的补给来源之一，这主要是指在河流水位低于地下水位的条件下，但在洪水期或高水位时期，如果河流水位高于地下水位，这时河流又会补给河流两侧的地下水。河流与地下水之间的这种相互补给，在水文学上称为"水力联系"。水力联系的概念，在水资源评价和水文分析计算中具有重要意义。需要指出的是，这种水力联系必须是河流切割地下含水层时才会发生相互补给。在某些特殊情况下，水力联系只是单方面的，河流只补给地下水，而地下水无法补给河流，如黄河的中下游地区。

三、河流的分类、分段与分级

（一）河流的分类

根据不同的划分标准，河流可以有以下六种分类：

1. 按照流经的国家分类

按照河流流经的国家，可分为国内河流与国际河流。国内河流简称"内河"，是指完全处于一国境内的河流。国际河流是指流经或分隔两个及两个以上国家的河流。这类河流由于不完全处于一国境内，所以流经各国领土的河段，以及分隔两国界河的分界线两边的水域，分属各国所有。国际河流有时特指已建立国际化制度的河流，一般允许所有国家的船舶特别是商船无害航行。

20世纪末期，联合国《国际法第四十六届会议工作报告》把国际河流的概念统一到"国际水道"中，它包括了涉及不同国家同一水道中相互关联的河流、湖泊、含水层、冰川、蓄水池和运河。

我国是国际河流众多的国家，包括珠江、黑龙江、雅鲁藏布江在内共有 40 余条，其中主要的国际河流有 15 条。

2. 按照最终归宿分类

按照河流的归宿不同，可分为外流河和内流河（内陆河）。通常把流入海洋的河流称为外流河；流入内陆湖泊或消失于沙漠之中的河流称为内流河。如亚马孙河、尼罗河、长江、黄河、海河、珠江等属于外流河；我国新疆的塔里木河、伊犁河，甘肃的黑河等属于内流河。

3. 按照河流的补给类型和水情特点分类

按照河流水源补给途径将河流划分为融水补给为主（具有汛水的河流）、融水和雨水补给为主（具有汛水和洪水的河流）及雨水补给为主（具有洪水的河流）三种类型。

在我国以融水补给为主的河流，主要分布在大兴安岭北端西侧、内蒙古东北部及西北的高山地区，汛水可分为春汛、春夏汛和夏汛三种类型；由融水和雨水补给的河流，主要分布在东北和华北地区；以雨水补给为主的河流，主要分布在秦岭—淮河以南、青藏高原以东的地区。

4. 按照河水含沙量大小分类

按照河水含沙量大小，可分为多沙河流与少沙河流。多沙河流，每立方米水中的泥沙含量常在几十千克、几百千克甚至千余千克；而少沙河流，则河水"清澈"，每立方米水中的泥沙含量常在几千克甚至不足 1kg。所谓"泾渭分明"这个词语，正是两条河流河水含沙量显著差异的反映。

更进一步，将河流按平均含沙量大小划分为五类情况：含沙量超过 $5kg/m^3$ 的河流，称为多沙河流（或高含沙量河流），如黄河、海河；含沙量为 $1.5 \sim 5kg/m^3$ 的河流，称为次多沙河流（或大含沙量河流），如辽河、汉江；含沙量为 $0.4 \sim 1.5kg/m^3$ 的河流，称为中沙河流（或中含沙量河流），如长江、松花江；含沙量为 $0.1 \sim 0.4kg/m^3$ 的河流，称为少沙河流（或小含沙量河流），如珠江、湘江、赣江、淮河；含沙量小于 $0.1kg/m^3$ 的河流，称为"清水河流"（或极小含沙量河流），如资水、昌江、乐安河、秋浦河等。

5. 按照流经地区分类

在河床演变学中，一般将河流分为山区河流与平原河流两大类。

（1）山区河流

山区河流为流经地势高峻、地形复杂的山区和高原的河流。山区河流以侵蚀下切作用为主，其地貌主要是水流侵蚀与河谷岩石相互作用的结果。内营力在塑造山区河流地貌上有重要作用，旁向侵蚀一般不显著，两岸岩石的风化作用和坡面径流对河谷的横向拓宽有极为重要的影响，河流堆积作用极为微弱。

（2）平原河流

平原河流是流经地势平坦、土质疏松的冲积平原的河流。平原本身主要由水流挟带的大量物质堆积而成，其后由于水流冲蚀或构造上升运动的原因，河流微微切入原来的堆积层，形成开阔的河谷，在河谷上常留下堆积阶地的痕迹。河流的堆积作用在河口段形成三角洲，三角洲不断延伸扩大，形成广阔的冲积平原。

通常又将冲积平原河流按其平面形态及演变特性分为顺直型、蜿蜒型、分汊型及游荡型四类。顺直型即中心河槽顺直，而边滩呈犬牙交错状分布，并在洪水期间向下游平移。蜿蜒型即呈蛇形弯曲，河槽比较深的部分靠近凹岸，而边滩靠近凸岸。分汊型分为双汊或者多汊。游荡型河床分布着较密集的沙滩，河汊纵横交错，而且变化比较频繁。

6. 按照是否受人类干扰分类

按河流是否受到人为干扰，可分为天然河流与非天然河流。天然河流其形态特征和演变过程完全处于自由发展之中；而非天然河流或称半天然河流，其形态和演变在一定程度上受限于人为工程干扰或约束，如在河道中修建的丁坝、护岸工程、港口码头、桥梁、取水口和实施人工裁弯等。目前，自然界中的河流，完全不受人为干扰影响的已越来越少见。

（二）河流的分段

一条大河从源头到河口，按照水流作用的不同以及所处地理位置的差异，可将河流划分为河源、上游、中游、下游和河口段。

河源就是河流的发源地，河源以上可能是冰川、湖泊、沼泽或泉眼等。对于大江大河，支流众多，一般按"河源唯长"的原则确定河源，即在全流域中选定最长、四季有水的支流对应的源头为河源。

上游指紧接河源的河谷狭窄，比降和流速大，水量小，侵蚀强烈、纵断面呈阶梯状并多急滩和瀑布的河段。上游一般位于山区或高原，以河流的侵蚀作用为主。

中游大多位于山区与平原交界的山前丘陵和平原地区，以河流的搬运作用和堆积作用为主。其特点是水量逐渐增加，比降和缓，流水下切力开始减小，河床位置比较稳定，侵蚀和堆积作用大致保持平衡，纵断面往往呈平滑下凹曲线。

下游多位于平原地区，河谷宽阔、平坦，河道弯曲，河水流速小而流量大，以河流的堆积作用为主，到处可见沙滩和沙洲。

河口是指河流与海洋、湖泊、沼泽或另一条河流的交汇处，可分为入海河口、入湖河口、支流河口等。河口段位于河流的终端，处于河流与受水盆（海洋、湖泊以及支流注入主流处）水体相互作用下的河段。

许多江河在分段时，一般只分为上游、中游和下游三段。对于大江大河而言，上游一般位于山区或高原，下游位于平原，而中游则往往为从山区向平原的过渡段，可能部分位于山区，部分位于平原。

以长江、黄河为例，长江发源于青藏高原唐古拉山脉主峰格拉丹东雪山西南侧，江源至宜昌为上游，长度大约45 00km；宜昌至湖口为中游，长955km；湖口至长江口为下游，长938km。黄河发源于青藏高原巴颜喀拉山北麓的约古宗列盆地，河源至内蒙古自治区托克托（河口镇）为上游，长 3472km；从托克托至河南省桃花峪为中游，长 1206km；桃花峪至黄河口为下游，长 786km。

在我国西南、华南地区，受喀斯特地貌发育影响，形成了许多特殊的河流，如从岩洞中流出的无头河，河流下游止于落水洞的无尾河，以及没入地下的暗河，潜行一段距离后又冒出地面的明河。对于这类河流，则难以明确分段。

（三）河流的分级

河流的分级方法很多。比如，按流域水系中干、支流的主次关系，常见的有两种分类方法：一是从河流水系的研究分析方便考虑，把最靠近河源的细沟作为一级河流，最接近河口的干流作为最高级别的河流。然而，这在具体划分上又存在不同的做法，如图 1-3 便是其中常见的一种；此外，是把流域内的干流作为一级河流，汇入干流的大支流作为二级河流，汇入大支流的小支流作为三级河流，依次类推。

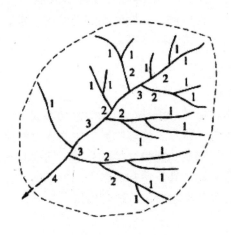

图 1-3　河流分级示意图

水利部依据河道的自然规模（流域面积）及其对社会、经济发展影响的重要程度，颁布了《河道等级划分方法》（内部试行）[水管（1994）106 号]，将我国的河道划分为五个等级，即一级河道、二级河道、三级河道、四级河道、五级河道，并规定了各级河道的认定与管理权限。首批认定了长江、黄河、淮河、海河、珠江、松花江、辽河、太湖、东南沿海流域的 18 条全国一级河道。

在我国，各地对河道等级的划分不尽相同。如上海市按事权将河道划分为市管河道、区（县）管河道、乡（镇）管河道；浙江省按事权将河道划分为省级河道、市级河道、县级河道和其他河道四个等级，按河道重要性划分为骨干河道与一般河道，按河道流经的地域划分为城市河道与乡村河道。

四、河流的功能

由于河流具有自然和社会属性，故把河流功能分为自然、生态和社会共三个功能。一般来说，河流自然、生态功能用于满足河流自身需求，河流社会功能用于满足人类需求。

（一）河流自然功能

河流在自然演变、发展过程中，在水流的作用下，起着调蓄洪水的运动、调整河道结构形态、调节气候等方面的作用，这即是河流的自然调节功能。归纳起来，主要包括水文调蓄功能、输送物质与能量功能、塑造地质地貌功能、调节周边气候功能。

1.水文调蓄功能

河流是水流的主要宣泄通道，在洪水期，河流能蓄滞一定的水量，减少洪涝灾害，起到调蓄分洪功能。河岸带植被可以调节地表和地下水文状况，使水循环途径发生一定的变化。洪峰到来时，河岸带植被可以减小洪水流速，削弱洪峰，延滞径流，从而可以储蓄和抵御洪水。而在枯水期，河流可以汇集源头和两岸的地下水，使河道中保持一定的径流量，也使不同地区间的水量得以调剂，同时能够补给地下水。河岸植被可以涵养水源，维持土壤水分，保持地表与地下水的动态平衡。

2.输送物质与能量功能

河流生命的核心是水，命脉是流动，河水的流动形成了一个个天然线形通道。河流可以为收集、转运河水和沉积物服务。许多物质、生物通过河流进行地域移动，在这个物质输送搬移的过程中，达到了物质和能量交换的目的，河道和水体成为重要的运输载体和传送媒介。河中流水沿河床流动，其流速和流量会产生动能，并借助多变的河道和水流对流水侵蚀而来的泥土、砂石等各种物质进行输移搬运。

3.塑造地质地貌功能

由于径流流速和落差，形成的水动力切割地表岩石层，搬移风化物，通过河水的冲刷、挟带和沉积作用，形成并不断扩大流域内的沟壑水系和支干河道，也相应形成各种规模的冲积平原，并填海成陆。河流在冲积平原上蜿蜒游荡，不断变换流路，相邻河流时分时合，形成冲积平原上的特殊地貌，也不断改变与河流有关的自然环境。

4.调节周边气候功能

河流的蒸发、输水作用能够改变周边空气的湿度和温度。

（二）河流生态功能

河流生态功能主要指在输送淡水和泥沙的同时，运送由雨水冲刷而带入河中的各种物质和矿物盐类，为河流流域内和近海地区的生物提供营养物并运送种子，排走和分解废弃物，以各种形态为它们提供栖息地，使河流成为多种生态系统生存和演化的基本保证条件。河流生态功能主要包括栖息地功能、通道作用、水质净化功能、源/汇功能等。

1. 栖息地功能

河流生物栖息地，又称河流生境，指为河流生态体提供生活、生长、繁殖、觅食等生命赖以生存的局部环境，形成于河流演化的区域背景上，并构成了河流生命体的基础支持系统，是河流生态系统的重要组成部分。河流生物栖息地一般分为功能性栖息地和物理性栖息地。常见的功能性栖息地有岩石、卵石、砾石、砂、粉砂等无机类，以及根、蔓生植物、边缘植物、落叶、木头碎屑、挺水植物、浮叶植物、阔叶植物、苔藓、海藻等植物类。常见的物理性栖息地有浅滩和深潭相间、急流和缓流相间、岸边缓流和回流等。

河流通常会为很多物种提供非常适合生存的条件，它们利用河流生存以形成重要的生物群落。在通常情况下，宽阔的、互相连接的河流会比那些狭窄的、性质相似的并且高度分散的河流存在着更多的生物物种。河流为一些生物提供了良好的栖息地和繁育场所，河边较平缓的水流为幼种提供了较好的生存与活动环境。如近岸水边适宜的环境结构和水流条件为鱼卵的孵化、幼鱼的生长以及鱼类躲避捕食提供了良好的环境，因此许多鱼类喜欢将卵产在水边的草丛中。

2. 通道作用

河流水系以水为载体，连接陆相与海相、高山与河谷，沿河道收集和运送泥沙、有机质、各类营养盐，参与全球氮、磷、硫、碳等元素的循环。通道作用是指河流系统可以作为能量、物质和生物流动的通路，河流中流动的水体，为收集和转运河水与沉积物服务。河流既可以作为横向通道也可以作为纵向通道，使生物和非生物物质可以向各个方向运移。对于迁徙性野生动物和运动频繁的野生动物来说，河流既是栖息地又是通道。河流通常也是植物分布和植物在新的地区扎根生长的重要通道。流动的水体可以长距离输移和沉积植物种子；在洪水泛滥时期，一些成熟的植物可能也会被连根拔起，重新移位，并且会在新的地区重新存活生长。野生动物也会在整个河流内的各个部分通过摄食植物种子或是挟带植物种子而造成植物的重新分布。生物的迁徙促进了水生动物与水域发生相互作用，因此河流的连通性对于水生物种的移动是非常重要的。

3. 水质净化功能

河流在向下游流动过程中，在水体纳污能力范围内，通过水体的物理、化学和生物作用，使得排入河流的污染物质的浓度随时间不断降低，这就是河流的水质净化功能，也叫水体自净能力。水质净化的物理过程主要为自然稀释，保证河流生态系统具有足够的生态环境流量成为发挥水质净化功能的重要因素。水质净化的化学过程主要是通过河流生态系统的氧化还原反应实现对污染物的去除，其中，借助于河流生态系统的流动性增加水体的含氧量是水质天然化学净化过程的主要途径。河流生态系统中的水生动植物能够对各种有机、无机化合物和有机体进行有选择的吸收、分解、同化或排出。这些生物在河流生态系统中进行新陈代谢的摄食、吸收、分解、组合，并伴随着氧化还原作用，保证了各种物质在河流生态系统中的循环利用，有效地防止了物质过分积累所形成的污染。一些有毒有害物质经过生物的吸收和降解后得以消除或减少，河流生态系统的水质因而得到保护和改善。

水体自净能力具有两层含义：第一，反映了河流生态系统作为一个开放系统，和外界进行物质、能量交换时，对外界胁迫的一种自我调控和自我修复；第二，河流生态系统是个相对稳定的系统，当外界污染物胁迫过大，超过水体纳污能力时，将破坏系统的平衡性，使系统失衡，向着恶化趋势发展。

4. 源汇功能

源的作用是为其周围流域提供生物、能量和物质，汇的作用是不断从周围流域中吸收生物、能量和物质。不同的区域环境、气候条件以及交替出现的洪水和干旱，使河流在不同的时间和地点具有很强的不均性和差异性，这种不均性和差异性形成了众多的小环境，为物种间竞争创造了不同的条件，使物种的组成和结构也具有很大的分异性，使得众多的植物、动物物种能在这一交错区内持续生存繁衍，从而使物种的多样性得以保持，可见生态河岸带可以被看作重要的物种基因库。

（三）河流社会功能

河流社会功能是指河流在社会的持续发展中所发挥的功能和作用。这种功能和作用可以分为两个方面：一是物质层面，包括河流为生产、生活所提供的物质资源，治水活动所产生的各种治河科学技术、水利工程以及由此带来的生活上的便利和社会经济效益等；二是精神层面，包括文化历史、文学艺术、审美观念、伦理道德、哲学思维、社风民俗、休闲娱乐等。河流社会功能主要表现在以下八方面：

1. 输水泄洪功能

河流的输水泄洪功能主要体现在防治洪水、内涝、干旱等灾害方面。河流是液态水在陆地表面流动的主要通道，流域面上的降水汇集于河道，形成径流并输送入海或内陆湖，同时实现水资源在不同区域间的调配。河道本身即具有纳洪、泄洪、排涝、输水等功能。在汛期，河道中的径流量急剧增加形成洪水，泄洪成为河流最主要的任务。通过河流及其洪泛区的蓄滞作用，能达到减缓水流流速、消减洪峰、调节水文过程、舒缓洪水对陆地侵袭的功效。在旱季，通过调节河流的地表和地下水资源保证农业灌溉用水，缓解旱季水资源不足的压力，提高粮食安全保障能力。

2. 泥沙输移功能

河流具备输沙能力。径流和落差提供的水动力，切割地表岩石层，搬移坡面风化物入河，泥沙通过河水的冲刷、挟带和沉积作用，从上游转移到下游，并在河口地区形成各种规模的冲积平原并填海成陆。

河流中输送的泥沙，不仅有灾害性质，也有资源功能。河流泥沙可以填海造陆、塑造平原。黄河多年年均输沙量 16 亿 t，其中每年有约 12 亿 t 入海造地。广阔的华北平原，不能不归功于黄河的伟大功绩。

3. 淡水供给功能

河流是淡水储存的重要场所。首先，河流提供的淡水是人类及其他动物（包括家禽及野生动物）维持生命的必需品。人类最初滨水而居就是为了方便从河流中取水使用。其次，河流为农业灌溉、工业生产和城市生活提供了水源的保障。最后，河流也为生态环境用水提供了淡水水源支持。蓄水、引水、提水和调水等水利工程为河流的淡水资源大规模开发利用提供了有效途径。取水许可、最严格水资源管理以及节水型社会建设等管理制度的制定和落实也为淡水资源合理开发利用提供了强有力的保障。

4. 蓄水发电功能

河川径流蕴藏着丰富的水能资源。水力发电是对水流势能与动能的有效转换和利用。水能资源最显著的特点是可再生、无污染，并且使用成本低、投资回收快，众多水力发电站因此而兴建。同时，水能的开发与利用对江河的综合治理和开发利用具有积极作用，对促进国民经济发展，改善能源消费结构，缓解由于消耗煤炭、石油资源所带来的环境污染具有重要意义，因此世界各国都把开发水能放在能源发展战略的优先地位。我国水能资源极为丰富，理论蕴藏量为 6.94 亿 kW，据《第一次全国水利普查公报》，我国水电装机容量 3.33 亿 kW，开发率约为 48%，因此开发水电的潜力巨大。

5. 交通运输功能

河流借助水体的浮力能够起到承载作用，为物资输送提供了重要的水上通道。在交通不发达的古代，河流的航运功能占有重要地位。在近代公路、铁路运输大力发展以前，河流一直是运输大批物资的主要路径。河流航道运输功能的发挥极大便利了不同地区之间的人口和物资流动，保障了资源供给，丰富了运输结构，促进了地区经济发展。水运的优点是运量大、能耗小、占地少、投资省、成本低等。对于体积较大，须长距离运输，对运输时间要求又不是特别紧迫的大宗货物，水运方式值得首选。但其缺点主要是运输速度慢，受港口条件及水位、季节、气候影响较大。

6. 渔业养殖功能

河流中的自养生物，如高等水生植物和藻类等，能通过光合作用将二氧化碳，水和无机物质合成有机物质，将太阳辐射能量转化为化学能固定在有机物质中；异养生物对初级生产者的取食也是一种次级生产过程。河流借助初级和次级生产制造了丰富的水生动植物产品，包括可作为畜产养殖饲料的水草和满足人类食用需求的河鲜水产品等。天然河流不仅具有多种野生渔业资源，还是开展淡水养殖的重要水域。我国是世界淡水养殖大国，淡水养殖面积和产量均位居世界第一。我国很多河流具有优越的淡水养殖条件。

7. 景观旅游功能

河流是自然界一道亮丽的风景线。清澈的河水、怡人的两岸景色、壮观的水利工程，以及深厚的河流文化，都吸引着来自四面八方的游客。河流数千年来是无数文人获得创作灵感的地方。雄伟壮丽的长江三峡、气势磅礴的黄河壶口瀑布、风光秀丽的漓江山色、历史悠久的都江堰工程，无不令人赞叹、神往。因此，随着经济发展和人民生活水平的提高，以及国家对河流环境的治理及其景观功能的开发，"游山玩水"将成为越来越多的人外出旅游的选择。

8. 休闲娱乐功能

河流具有休闲、娱乐功能。一是可直接利用河流水域开展划船、滑水、游泳、渔猎和漂流等运动、娱乐性活动；二是利用沿岸滨水环境进行如春游、戏水、露营、野餐和摄影等亲水休闲性活动。随着人们生活质量的不断提高，亲近自然的愿望日益增强，城市河流的水边环境已成为市民闲暇时亲水漫步的好去处。一些城市的江滩，已建成适宜市民亲水休闲的滨江长廊。

第二节 河流生态系统

一、生态系统概述

（一）生态系统的概念

英国植物生态学家坦斯利（A.G.Tansley）在研究中发现气候、土壤和动物对植物生长、分布和丰盛度有明显的影响。于是他在 1935 年首先提出了生态系统的概念：生物与环境形成一个自然系统。正是这种自然系统构成了地球表面上各种大小和类型的基本单元，这就是生态系统。简而言之，生态系统是指在一定空间中共同栖居着的所有生物（生物群落）与其环境之间，由于不断地进行物质循环和能量流动过程而形成的统一整体。

生态系统的范围和大小没有严格的限制大到整个海洋、整块大陆，小到一片森林、一块草地、一个池塘、一滴水等，都可看成是生态系统。因此，地球上有无数大大小小的生态系统，小的生态系统组成大的生态系统，简单的生态系统构成复杂的生态系统。自然界大小各异、丰富多彩的生态系统形成生物圈。而生物圈本身就是一个无比巨大而又精密的生态系统。

在这个定义里，包括了以下几层含义：一是生态系统是客观存在的实体，具有确定的空间，存在于时间中；二是生态系统是由生物部分和非生物部分组成的，生物部分是主体，两者相互依赖，相互作用，形成不可分割的整体；三是生态系统的各个组分是靠食物网组织起来的，借助物质循环和能量交换形成自身结构。

（二）生态系统的组成

生态系统由生物成分和非生物成分（非生物环境）两大部分组成，其中生物成分又包括生产者、消费者和分解者。

I. 生物成分

（1）生产者

生产者是指能以简单的无机物制造食物的自养生物，包括所有绿色植物和可进行光能与化能自养的细菌。生态系统的生产者能进行光合作用，固定太阳能，以简单的无机物质为原料制造各种有机物质，不仅供自身生长发育的需要，也是其他生物类群以及人类食物和能量的来源，是生物系统中最基础的成分。对于淡水池塘来说，生产者是有根植物或漂浮植物，以及体形小的浮游植物，其中浮游植物主要是藻类，它也是有机物质的主要制造者。而对草地来说，生产者则是有根的绿色植物。

（2）消费者

消费者是指不能利用无机物质制造有机物质的生物，属于异养生物，主要是动物。根据它们食性的不同，又可分为食草动物、食肉动物和杂食动物等。

食草动物又称为植食动物，指直接以植物为营养的动物。如池塘中的浮游动物和底栖动物，草地上的马、牛、羊以及啮齿类动物。这类食草动物统称为一级消费者，或初级消费者。

食肉动物又称为肉食动物，指以食草动物为食的动物。例如，池塘中某些以浮游动物为食的鱼类；草地上以食草动物为食的捕食性鸟兽。以食草动物为食的食肉动物，称为二级消费者；以二级食肉动物为食的为三级消费者，如池塘中的黑鱼或鳜鱼，草地上的鹰隼等猛禽。

杂食动物也称兼食性动物。它是介于食草动物与食肉动物之间，既吃植物也吃动物的生物，如鲤鱼、麻雀、黑熊等。

其他消费者。生态系统中还有两类特殊的消费者：一类是腐食动物，它们以腐烂的动植物残体为食，如白蚁、秃鹰等；另一类是寄生动物，它们寄生于其他动植物体，靠吸取寄主营养为生，如虱子、簇虫、线虫、菌类和赤眼蜂等。

（3）分解者

分解者又称还原者，是指利用植物和动物残体及其他有机物为食的小型异养生物，如细菌、真菌、放线菌及土壤原生动物和一些小型无脊椎动物等。其作用是把动植物残体的复杂有机物分解为简单的无机物归还于环境，再被生产者利用。分解者的作用是极为重要的，如果没有它们，动植物尸体将会堆积成灾，物质不能循环，生态系统将不复存在。

2.非生物成分

非生物成分即非生物环境、无机环境，是生态系统的生命支持系统，是生物生活的场所和能量的源泉。按其对生物的作用，可分为：①生活必需物质，如光、氧气、二氧化碳、水、无机盐类以及非生命的有机物质等；②代谢介质成分，如水、土壤、温度和风等；③基础介质，如岩石、土壤等。

（三）生态系统的类型

由于气候、土壤、基质、动植物区系不同，在地球表面可形成形形色色、多种多样的生态系统，为了便于研究，须对生态系统进行科学分类。

1.根据生态系统的环境性质和形态特征划分

根据生态系统的环境性质和形态特征可把生态系统分为水域生态系统和陆地生态系统两大类。水域生态系统根据水体的理化性质不同，分为淡水生态系统和海洋生态系统，其中每类根据水的深浅、运动状态等性质又可分为若干类型。陆地生态系统根据植被类型和地貌不同，分为森林、草原、荒漠、冻原等类型。

2.根据生态系统形成的原动力和影响力划分

按照人类对生态系统的影响程度，可分为自然生态系统、半自然生态系统和人工生态系统三类。

（1）自然生态系统

凡是未受人类干预，在一定空间和时间范围内，依靠生物和环境本身的自我调节能力来维持相对稳定的生态系统，均属自然生态系统，如原始森林、荒漠、冻原、海洋等生态系统。

（2）半自然生态系统

介于自然生态系统和人工生态系统之间，在自然生态系统的基础上，通过人工投入辅助能对生态系统进行调节管理，使其更好地为人类服务的这类生态系统属于半自然生态系统，如人工草场、人工林场、农田、农业生态系统等。由于它是对自然生态系统的驯化利用，所以又叫驯化生态系统。

（3）人工生态系统

按人类的需求，由人为设计制造建立起来，并受人类活动强烈干预的生态系统为人工生态系统，如城市、宇宙飞船、生长箱、人工气候室等，一些用于仿真模拟的生态系统，如实验室微生态系统也属于人工生态系统。

（四）生态系统的结构特征

生态系统的结构主要包括组分结构、时空结构和营养结构三个方面。

1.组分结构

组分结构是指生态系统中由不同生物类型以及它们之间不同数量组合关系所构成的系统结构。由于物种组成的不同，因此形成了功能及特征各不相同的生态系统。即使物种组成相同，但各物种类型所占比例不同，也会产生不同的功能。

2.时空结构

时空结构也称为形态结构，是指各种生物成分或群落在空间上与时间上的不同配置和形态变化特征，包括水平分布上的镶嵌性、垂直分布上的成层性和时间上的发展演替特征，即水平结构、垂直结构和时间格局。

（1）水平结构

生态系统的水平结构是指在一定生态区域内群落类型在水平空间上的组合与分布。在不同的地理环境条件下，受地形、水文、土壤、气候等环境因子的综合影响，群落类型在地面上的分布是非均匀的。

（2）垂直结构

生态系统的垂直结构包括不同群落类型在不同海拔的生境上的垂直分布和生态系统内部不同群落类型垂直分布两个方面。

（3）时间格局

一般有三个时间度量：一是长时间度量，以生态系统进化为主要内容；二是中等时间度量，以群落演替为主要内容；三是昼夜、季节等短时间的变化。

生态系统短时间结构的变化反映了植物、动物等为适应环境因素的变化而引起整个生态系统外貌上的变化。随着气候季节性交替，生物群落或生态系统呈现不同的外貌就是季相。例如，热带草原地区一年中分旱季和雨季，生态系统在两季中差别较大；温带地区四季分明，生态系统的季相变化也十分显著。温带草原中一年可有 4 ~ 5 个季相。

不同年度之间，生态系统外貌和结构也有变化。这种变化可能是有规律的，也可能无规则可循。规律性变化往往是由生态系统内生节律（反馈作用）引起的，如草原生态系统中狼—兔—草数量的周期性振荡，竹林集中开花引起的生态系统结构崩溃等。不规则性波动往往是由所在地气候条件的无规律变动引起的。

3.营养结构

营养结构是指生态系统中生物与生物之间，生产者、消费者和分解者之间以食物营养为纽带所形成的食物链和食物网，它是构成物质循环和能量转化的主要途径。

（1）食物链和食物网

食物链指生态系统内不同生物之间通过食和被食形成的一系列链状食物关系，即物质和能量从植物开始，然后一级一级地转移到大型食肉动物。如水域生态系统中的食物链：浮游植物→浮游动物→食草性鱼类→食肉性鱼类。通常所说的"大鱼吃小鱼，小鱼吃虾米""螳螂捕蝉，黄雀在后"都是对食物链的形象说明。在食物链中每一个资源消费者反过来又成为另一个消费者的资源。由于受到能量传递效率的限制，食物链的长度不可能太长，一般由 4 ~ 5 个环节构成。食物链上的每一个环节，称为营养阶层或营养级。

自然界中常常是一种动物以多种生物为食物，同一种动物可以占几个营养层次，如一些杂食动物。生物通过食物传递关系存在错综复杂的普遍联系，这种联系似一张无形之网把所有生物都包含在内，使它们彼此间都有某种直接或间接的关系，因此称为食物网。如图 1-4 就是某温带草原生态系统的食物网简图。

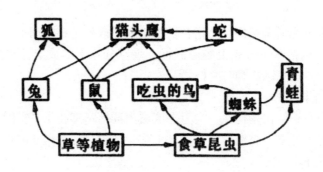

图 1-4　某温带草原生态系统的食物网简图

生态系统中的食物链因各种原因是可以变化的。或者说，食物链一般只是暂时的。只有在生物群落组成中成为核心的、数量占优势的种类，食物链才是比较稳定的。一般来说，食物网越复杂，生态系统抵抗外力干扰的能力就越强；食物网越简单，生态系统越容易发生大的波动甚至崩溃。

（2）食物链的类型

自然生态系统中主要有三种类型的食物链，即牧食食物链、寄生食物链和碎屑食物链。

①牧食食物链

牧食食物链又称为捕食性食物链，是以活的绿色植物为基础，从食草动物开始的食物链，其构成方式是：植物→食草动物→食肉动物。这种食物链既存在于水域，也存在于陆地环境。例如，草原上的青草→野兔→狐狸→狼；湖泊中的藻类→甲壳类→小鱼→大鱼。

②寄生食物链

寄生食物链是以活的动植物有机体为基础，从某些专门营寄生生活的动植物开始的食物链。寄生物是消费者，它与寄主紧密生活在一起，以寄主的组织为食。例如小蜂把卵产在寄生蝇幼虫体内，而后者又寄生在其他昆虫幼体中（昆虫→寄生蝇→小蜂）；哺乳动物和鸟类身上的跳蚤反过来又会被鼠疫杆菌所寄生（鸟类或哺乳类动物→跳蚤→鼠疫杆菌）。与牧食食物链不同的是，越是在寄生食物链的基部环节，动物个体越大，随着环节的不断增加，寄生物的体积越来越小。

③碎屑食物链

碎屑食物链又称为分解链，是以死的动植物残体为基础，从真菌、细菌和某些土壤动物开始的食物链，如动植物残体→蚯蚓，动植物残体→微生物→土壤动物等。在森林中，有90%的净生产是以食物碎屑方式被消化掉的。即使在大型食草动物十分发达的草原生态系统中，被吃掉的牧草通常也不到植物生产力的1/4，其余部分也是在枯死后被分解者分解。

可见，牧食食物链和碎屑食物链在生态系统中往往同时存在，相辅相成地起着作用。

（3）营养级与生态金字塔

食物链和食物网是物种和物种之间的营养关系，这种关系错综复杂，无法用图解的方法完全表示。为了便于进行定量的能流和物质循环研究，生态学家提出了营养级的概念。处于食物链某一环节上的所有生物种的总和称为营养级。例如，作为生产者的绿色植物和所有自养生物都位于食物链的起点，共同构成第一营养级。所有以生产者（主要是绿色植物）为食的动物都属于第二营养级，即食草动物营养级。第三营养级包括所有以食草动物为食的食肉动物。以此类推，还可以有第四营养级（即二级食肉动物营养级）和第五营养级。

营养级之间的关系不是指一种生物同另一种生物的关系，而是指某一层次上的生物同另一层次上的生物之间的关系。前面所说的构成食物链的每一个环节都可作为一个营养级，能量沿着食物链从上一个营养级流动到下一个营养级，在流动过程中，能量不断地耗散而减少。因此，生态系统要维持正常的功能，就必须有永恒不断的太阳能的输入，用以平衡各营养级生物维持生命活动的消耗，一旦输入中断，生态系统便会丧失其功能。

动物距离基础能源（第一营养级）越近，受到取食和捕食的压力越大，这些生物种类和数量就越多，生殖能力也就越强，可以补偿因遭大量捕食而受到的损失。距离基础能源越远的营养级，越有可能捕食更多营养级的生物，特别是处于最高营养级的动物（食肉动物）数量最少，生物量最小，能量也最少，以至于使得不能再有别的动物以它们为食，因为从它们身上获得的能量不足以弥补为搜捕而消耗的能量。由于受能量传递效率的限制，与食物链一样营养级数也受限制，一般为3～5级，很少超过6级。

在营养级序列上，上一营养级总是依赖于下一营养级，下一营养级只能满足上一营养级中少数消费者的需要，逐级向上，营养级的物质、能量和数量呈阶梯状递减。于是形成一个底部宽、上部窄的尖塔形，称为生态金字塔。生态金字塔可以是能量、生物量，也可以是数量。一般来说，能量最能保持其金字塔形。但有时候，数量和生物量的金字塔，也可能呈倒金字塔形。

（五）生态平衡

生态平衡是指生态系统通过发育和调节所达到的一种稳定状况，它包括结构上的稳定、功能上的稳定和能量输入、输出上的稳定。生态平衡指生态系统内两个方面的稳定：一方面是生物种类的组成和数量比例相对稳定；另一方面是非生物环境保持相对稳定。

生态平衡是动态的、相对的，但不是固定的、不变的，因为能量流动和物质循环总在不间断地进行，生物个体也在不断地进行更新。通过对自然现象的观察发现，给予足够时间和环境的稳定性，生态系统总是朝着种类多样化、结构复杂化和功能完善化的方向发展，直到使生态系统达到成熟的最稳定状态。此时，它的生产者、消费者和分解者之间，即物质和能量输入与输出之间，接近于平衡状态，并且物种种类组成及数量比例能长期保持稳定。

在一个相对平衡的生态系统中，物种达到最高量和最适量，物种之间彼此适应，相互制约，各自在系统中进行正常的生长发育、繁衍后代，并保持一定数量的种群，能够排斥其他物种生物的入侵。生物种类和数量最多、结构复杂、生物量最大、环境的生产潜力充分地发挥出来，是衡量生态平衡的指标。

生态系统能够保持平衡，因为它是一种控制系统和反馈系统。反馈分为负反馈和正反馈，负反馈控制可使系统保持稳定，正反馈控制使系统偏离加剧。例如，在生物生长过程中个体越来越大，在种群持续增长过程中，种群数量不断上升，这属于正反馈。正反馈也是有机体生长和存活所必需的，但是正反馈控制不能维持稳态，只能通过负反馈控制使系统维持稳态。由于生态系统具有负反馈的自我调节、自我修复机制，所以在通常情况下，生态系统会保持自身的生态平衡。

（六）退化生态系统及生态修复

1. 退化生态系统的定义

生态系统被比喻为弹簧，它能承受一定的外来压力，压力一旦解除就又恢复初始状态。但是弹簧有弹性限度，生态系统的自我调节功能亦有一定的限度，这个限度就叫作"生态阈值"。在生态阈值范围内，生态系统才得以维持相对平衡；超越了生态阈值，生态系统的自动调节功能就会降低甚至消失，从而引起生态失调，甚至造成生态系统的崩溃。具体表现是，生态系统的营养结构被破坏、有机体数量减少、生物量下降、能量流动和物质循环受阻等，甚至出现生态危机。例如，20世纪50年代，我国曾发起把麻雀作为四害之一来消灭的运动，可是在大量捕杀之后的几年里，出现了严重的虫灾，使农业生产受到巨大的损失。后来科学家们发现，麻雀是吃虫子的好手，消灭了麻雀，害虫也没有了天敌，就大量繁殖，导致了虫害发生、农田绝收一系列惨痛的后果。

这种自然干扰或人为干扰或两者的共同作用可能使生态系统的结构和功能发生位移，结果使生态系统的基本结构遭受破坏，从而导致局部地区甚至整个生态系统结构和功能的失衡，这样的生态系统被称为退化生态系统。退化生态系统的表现类型有裸地、沙漠、森林采伐迹地、受损水域、弃耕地、废弃地（包括工业废弃地、采矿废弃地和垃圾堆放场等）等。

2. 退化生态系统的成因

生态系统退化的主要原因是干扰。干扰是指使群落正常演替过程产生暂时中断或使演替方向发生改变的事件。按照干扰动因，干扰可划分为自然干扰和人为干扰；按照干扰来源，干扰可划分为内源干扰和外源干扰；按照干扰性质，干扰可划分为破坏性干扰和增益性干扰。对退化生态系统而言，研究其退化原因时一般采用第一种分类。

自然干扰是指自然界发生的异常变化或自然界本来就存在的对人类和生物有害的因素，包括大气干扰、地质干扰和生物干扰，如地壳变动、海陆变迁、冰川活动、火山爆发、地震、海啸、泥石流、雷击火烧、气候变化等。这些因素可使生态系统在短时间内受到破坏甚至毁灭。不过，自然干扰对生态系统的破坏和影响所出现的频率不高，而且在分布上有一定的局限性。人为干扰是指由人类生产、生活和其他社会活动形成的干扰体对自然环境和生态系统施加的各种影响，包括工农业污染，森林砍伐、草原植被过度利用，露天开采、狩猎和捕捞、采樵，旅游和探险等人为活动因素对生态系统的影响。世界范围内广泛存在的水土流失、土地沙漠化、草原退化、森林面积缩小等，都是人类不合理利用自然资源引起生态平衡破坏的表现。

从某种角度看，人类对生态系统干扰的作用力和影响范围，远远超过了自然干扰。现在，包括极地在内，已经没有任何生态系统未受到人类活动或其合成产物的影响。人为干扰往往叠加在自然干扰之上，共同加速生态系统的退化。在某些地区，人为干扰对生态退化起着主要作用，并常造成生态系统的逆向演替以及不可逆变化和不可预料的生态后果，如土壤荒漠化、生物多样性丧失和全球气候变化等。

干扰是生态系统退化的成因，但是并非所有干扰都对生态系统造成危害。某些种类适度的干扰可以增加生态系统的生物多样性，而生物多样性的增加往往又有益于生态系统的稳定。在实践中，某些理性的人为干扰被用以促进生态系统的稳定与发展。例如，对于森林生态系统来说，合理的采伐、修枝、人工更新和低产、低效林分改造等人为干扰，可以促进森林的发育和演替，提高森林生态服务功能价值。在对退化生态系统进行生态修复时，也常施加积极的人为干扰，促使生物群落的恢复，保证生态系统的稳定。

3. 生态修复

生态修复是指在遵循自然规律的前提下，通过使用各种手段，把退化的生态系统恢复或重建到既可以最大限度地为人类所利用，又保持了系统的必要功能，并使系统达到自我维持的状况。退化生态系统的恢复与重建，要在遵循自然规律的基础上，根据"技术上适当、经济上可行、社会能够接受"的原则，使受损或退化生态系统重构或再生。

生态修复的一般过程是：本底调查→区域自然、社会经济条件（水、土、气候、可利用的条件等）综合分析→恢复目标的制定→恢复规划→恢复技术体系组配→生态恢复实施→生态管理→生态系统的综合利用→自然 - 社会 - 经济复合系统的形成。就目前而言，生态修复主要有如下三种途径：

当生态系统受损不超负荷并在可逆的情况下，移除压力和干扰，生态系统自行得以恢复。如对退化草场进行围栏封育，经过几个生长季后草场的植物种类数量、植被盖度、物种多样性和生产力都能得到较好的恢复。美国宾夕法尼亚州的一条河流被酸厂排水所污染，在排除这种压力之后，同时依靠支流的淡化和溶冲作用，可以使下游的生态系统恢复到正常状态。

若生态系统的受损是超负荷的，并发生不可逆的变化，只依靠自然力已很难或不可能使系统恢复到初始状态，必须依靠人为的干扰措施，才能使其发生逆转。例如，对已经退化为流动沙丘的沙质草地，由于生境条件的极端恶化，依靠自然力或围栏封育是不能使植被得到恢复的，只有人为地采取固沙和植树种草措施才能使其得到一定程度的恢复。

对于那些由于人类活动已全然毁灭的生态系统代之以次生的系统，生态重建的目的是要建立一个符合人类经济需要的系统。重建所采用的种类可以是也可以不是原来的种类，所采用的植物或动物物种也不一定很适合环境，但具有较高的经济价值；也可以采取各种先进的工程措施以加速生态系统的建立，如各种农业生态系统。

二、河流生态系统概述

（一）河流生态系统的组成

河流生态系统是水域生态系统中最为重要的一种类型，是在一定空间中栖息的水生生物与其环境共同构成的统一有机体。河流生态系统与生态系统相同，由非生物成分（非生物环境）和生物成分（生产者消费者、分解者）两大部分组成。

1.非生物成分（非生物环境）

非生物环境包括自然环境要素和人为环境要素。其中，自然环境要素是河流生态系统形成、发展和演化的决定性因素，是主导环境因素；人为环境要素通常起到全局影响或局部修正河流生态系统的作用。

（1）气候要素

气候要素包括气压、气温、湿度、风速、降水、雷暴、雾、辐射、云量等表述因子。河流生态系统的水源来自降雨、湖泊、沼泽、地下水或冰川融水等，都来自大气降水。由于太阳辐射在地球表面分布的差异，以及各类下垫面对于太阳辐射吸收、反射等物理过程性质上的不同，气候按照纬度分布具备地带性特征，并且反映在河流生态系统的地域性特点上。

（2）地质要素

地质要素是地球自身能力分布与地壳运动造成的，其中影响流域与水系的主要因子为构造与岩性因子。构造因子中成层岩层的褶皱、断裂和产状，以及块状岩体的隆起、凹陷、断裂及其产状是影响河流生态系统流域与水系的主要因子。岩石是河流生态系统泥沙的主要来源，岩石的可溶蚀性、可侵蚀性和可渗透性是流域与水系发育的主要影响因子。河流生态系统所在流域内的土壤发育对河势变化具有影响。如果土层越厚，质地越松软，水分下渗率越大，则地表径流与地下径流交换通量越大，并且水系变化速率越大。

（3）地形要素

地形要素包括高度、坡向和坡度等影响河流生态系统水系发育的重要因子。地形要素决定了河流生态系统水流的势能和动能的大小，即河流生态系统的总能量。高度越大的河流生态系统能量越大。坡向因子决定了太阳能分布的不均匀性，造成温度与湿度的不同。坡度影响河流生态系统沿坡面方向重力分量的大小，一般来说，坡度增大，水沙侵蚀强度也随之增强。

（4）植被要素

河流生态系统所在流域的植被要素包括植被类型、植被盖度和植被季相三个重要因子。不同的植被类型，其阻截雨滴、调节地表径流和地下径流的比例、根系固土、改良土壤结构以及涵养水源的作用等有所差异。首先，植被冠层能对土壤起到荫蔽作用，减缓了雨滴对土壤的直接冲击；其次，植被能够加大地表径流的沿程阻力，减缓汇流速度，增加地表径流的下渗量；再次，植物根系的横向和纵向衍生能够起到很好的固土防沙作用，同时，植被的落叶和残根能够增加土壤中有机质的含量，改善土壤肥力，增加土壤颗粒间的结合力，间接提高了土壤的抗侵蚀性；最后，植物根系对于水源的吸收减少了水量的流失，植物叶面的蒸腾作用能够调节空气湿度和温度，改善水文循环和局地小气候。植被盖度指植物群落总体或各个体地上部分的垂直投影面积与样方面积的比例，反映植被的茂密程度和植物进行光合作用面积的大小。河流生态系统所在流域内的植被覆盖度只有达到一定的比例，才能起到防风固沙和调节局地气候等作用。植被季相则是指植被在一年四季中表现的外观特征，不同植被类型间的季相差异较大，主要受温度和季风分布的影响。

（5）人类活动干扰

随着人类活动对自然界影响程度和范围的加强，分布于全球各地的河流生态系统都在发生着整体或局部、巨大或微小的改变。因此，有必要将人类活动干扰从环境要素中分离出来，以利于分析人类活动干扰的影响范围和作用结果。由于人类活动干扰往往表现在多个方面和多个尺度的空间单元上，因而对于各尺度系统的诸环境要素都会发生不同程度的影响。水库水电站建设、开辟修建航道等都是人类对河流生态系统施加的直接干扰。但是，人类活动的干扰并非都为负面影响，部分人类活动干扰是针对受损河流生态系统开展的修复和重建工作。此外，修建水利工程，合理开发利用水资源，且能避免工程生态影响或将生态影响降低到可控制范围内的人类生产活动也是可以考虑和接受的。

2. 生物成分

（1）生产者

生产者主要指绿色植物，包括大型水生植物和浮游植物，此外还有光合细菌。

大型水生植物是指生理上依附于水环境，至少部分生殖周期发生在水中或水表面的植物类群，包括挺水植物、漂浮植物、浮叶植物和沉水植物。

浮游植物主要是指藻类，它们含有叶绿素，并发生光合作用，可以利用水中的二氧化碳合成细胞所需的碳水化合物，在水环境中还可以和细菌有共生关系。

光合细菌是一类以光作为能源，能在厌氧光照或好氧黑暗条件下利用自然界中的有机物、硫化物、氨等作为供氢体兼碳源，进行不产氧光合作用的微生物。

（2）消费者

消费者包括浮游动物、大型无脊椎动物以及游泳动物等浮游生物。

浮游动物是指悬浮于水中的、没有游泳能力或游泳能力很弱的、借助显微镜才能观察到的水生动物，它们是水生生态系统的主要初级消费者。

大型无脊椎动物主要是指栖息生活在水体底部以及附着在水生植物上的肉眼可见的水生无脊椎动物。根据摄食对象不同，可分食草无脊椎动物、食肉无脊椎动物和食腐无脊椎动物。

游泳动物主要指鱼类。鱼类在水生食物链中位于水生态系统能量金字塔的顶端，代表最高的营养水平，对水生生态系统的平衡起着非常重要的作用。

（3）分解者

分解者主要由异养微生物组成，如细菌、真菌等。分解者是水生态系统中实现环境与生物之间物质循环和再循环的重要基础。细菌和真菌等在河流中将死亡的生物体进行分解，维持河流生态系统的物质循环。水中微生物的量取决于有机物的量，有机物的量越大，微生物的量就越大。

（二）河流生态系统的特征

1.河流生态系统的流动性

河流生态系统区别于湖泊水体的直观特征是河流水体具有流动性，借助水流运动，河流生态系统不断地进行着物质循环和能量流动。

（1）能量流动

河流生态系统的能量流动是服从于热力学第一定律和第二定律的，即河流生态系统内部增加的能量等于外部输入的能量，且能量的传导具有方向性。能量流动分别在生态系统、食物链和种群三个层次上进行。例如，能量可以通过食物链从生产者到顶级消费各层次种群间进行传递，通过测定食物链各环节上的能量值，可为研究河流生态系统能量损失和存储提供资料。

（2）物质输移

河流生态系统物质输移存在两种形式：一种是借助于水体流动产生的物质输移和扩散，输送的物质包括泥沙、溶于水体的营养物质和各类污染物；另一种是发生在食物链各营养等级间的物质输移。

（3）信息传递

河流生态系统的信息传递媒介包括水文周期、水位、流速、流量、水温等水环境要素，河流生态系统通过水环境要素的变化传递信息。例如，水位的涨落、水量的丰枯变化以及流速和流向的改变会导致鱼类产卵或休憩场所的迁移。

2.河流生态系统的时空异质性

在空间上，有学者在20世纪80年代提出了河流连续系统概念，该理论模型将河流生态系统视为一个连续、流动并且完整的系统。在实际观测中，河流生态系统沿着河流走向表现出空间上的差异，即纵向地带性。河流生态系统从源头集水区至河流下游的物理量呈现连续变化的特征。与此同时，生态过程也因为物理量的连续变化表现出空间差异。

在时间上，河流生态系统不断地发展演化。不同的年份、季节甚至一天内的不同时段，河流生态系统均能表现出差异性。在不同的时间节点，由于环境要素的改变，水生生物群落的组成和分布格局也随之发生变化。例如，春、夏、秋、冬四季，多数河流浮游植物的生物量和密度随季节更替表现出由高至低的变化规律。

3.河流生态系统的生物适应性

在天然条件下，河流生态系统的生物群落在纵向、横向和重向三个维度上都表现出适应于其栖息的水体环境。由于河流生态系统环境要素的改变，水生生物群落不断地进行调整和适应，表现出物种多样性和组分演替。

在纵向上，河流上、下游生物种类，数量往往有很大不同。河流上游一般位于高山高原区，环境条件多表现为海拔高、水温低、坡陡流急、碎石底质、贫养、溶氧充沛等，因此一些冷水性且要求溶解氧充沛的水生生物多分布在这里，如蜗牛、石蝇幼虫、纹石蛾幼虫、鲑鱼等。河流中游和下游比降减小，流速减缓，河底沉积沙和泥，水体浊度增大，会出现河蚌、摇蚊幼虫、水蚯蚓、鲤鱼、鲫鱼等。至河口地区，尤其是外流河河口区则易出现咸淡水生物，如沙蚕等。

在横向上，按照水深的差异可划分为沿岸带、敞水带和深水带。由沿岸带至深水带，水生生物从陆生、两栖类向水生类型转化，分布有挺水植物、漂浮植物、沉水植物、浮游植物、浮游动物及鱼类等不同类型的生物物种。

在垂向上，主要是由河流水深和光照等环境要素作用而造成生物群落组成和分布的差异。河流上层优势种主要为自养型生物，是河流初级生产力聚集区；而河流中、下层深水区域光线微弱，植物光合作用不能有效进行，优势种主要为异养型和分解型底栖生物。

三、河流生态系统的水文过程

（一）河流水循环

河流是地球上淡水的主要载体，据联合国教科文组织（UNESCO）21世纪初公布的数据，河流水总体积约为 $2.12 \times 10^3 km^3$。虽然河流水体总量不足地球总水量的百万分之二，但是河流水分是地球上最为活跃以及更新最为迅速的水体之一。河流生态系统中的水分在太阳辐射和地球引力的作用下，不停地进行着海陆空之间的往复循环。

河流生态系统的水分主要来源于降雨和冰川融雪，一部分水分通过蒸发返回大气，其余部分形成地表或地下径流。在自然界中，河流生态系统的海陆大循环和内陆小循环是交织在一起的，并在全球各个地区持续进行着。

河流生态系统的水循环作用意义主要体现在：①影响局地气候。河流水循环中的基本环节，包括蒸发、径流等，能够通过其数量、运动方式、途径等特征影响周边气候状况。②塑造地貌形态。河流生态系统的水流作用力通过对泥沙的侵蚀和搬运，可以直接改变沿途的地表形态，造就各类流水地貌，水流满溢扩展河道宽度，而水流的停滞则会形成湖泊、沼泽。③提供淡水资源。水是地球上一切生命体维持生命活动的基本要素，淡水对于人类等高等动物更是具有不可替代的作用，河流在生态系统为人类生产生活提供了淡水资源，自古以来，人们依水而居就是为了便于从河流中取水利用。④维持生物多样性。河流在水循环过程中形成多种地貌形态，为各类生物提供了丰富的栖息环境，尤其是适应流水环境的生物能够较好地生存和繁衍，极大地维持了物种的多样性。

（二）水文过程的生态响应

1.水文过程的生态学意义

水文过程在维系河流生物多样性与生态系统完整性方面发挥了至关重要的作用。

（1）水文循环保证了全球生态系统和人类社会的可持续性

在太阳能的驱动下，水体周而复始地运动，无论对于人类还是对于生物群落，水文循环保证了水资源作为可再生资源的可靠性。水资源是地球上一切生命的不竭源泉，保证了生态系统和人类社会的可持续性。

（2）水文过程是形成全球景观多样性的重要驱动力

由于水文循环的持续作用，运动的水体（降雨冲蚀、地下入渗、地表径流等）对于地球表面持续不断地作用，包括侵蚀、冲刷、挟沙、淤积等交替作用，持续地改造着全球地貌条件，不但造就了成为人类文明摇篮的河流冲积平原和三角洲，也造就了峡谷、高原、丘陵、草原等瑰丽多姿的自然景观，为数以万计的物种提供了多样性的栖息地，为人类提供了适宜的生存空间和无与伦比的美学财富。

（3）水文过程的时空变异性是生态系统多样性的基础要素

在时间尺度上，受到大气环流和季风的影响，水文循环具有明显的年内变化，在地球的不同区域形成雨季与旱季的交错变化，或者形成洪水期与枯水期有序轮替，造就了有规律变化的降雨条件和径流条件。这就形成了随时间变化动态的生境多样性条件。观测资料表明，许多水生生物完成其生命周期需要一系列不同类型的栖息地，而这些栖息地是受动态的水文过程控制的。河道和河漫滩形成的水流—漫滩—静水—干涸等动态栖息地多样性条件，促进了物种的演化。

在空间尺度上，由于在全球范围或大区域内降雨明显不均匀，由此形成了干旱地区、半干旱地区和湿润地区不同的水文条件。这就使不同流域或区域形成了特有的多样的栖息地条件。生境多样性是生物群落多样性的基础。

全球范围内水文过程的时空变异性，使全球不同区域或流域的群落组成、结构、功能以及生态过程都呈现出多样性特征。

（4）水文过程承载着陆地水域物质流、能量流、信息流和物种流过程

水流作为流动的介质和载体，将泥沙、木质碎屑等营养物质持续地输送到下游，促进生态系统的物质循环和能量转换。河流的年度丰枯变化和洪水脉冲，向生物传递着各类生命信号，鱼类和其他生物依此产卵、索饵、避难、越冬或迁徙，完成其生活史的各个阶段。同时，河流的丰枯变化也抑制了某些有害生物物种的繁衍。河流的水文过程也为鱼卵和树种的漂流及洄游类鱼类的洄游提供了条件。

2. 自然水文情势的生态响应

水文过程与生物过程之间存在着相互适应和相互调节的耦合关系。一方面，水文过程对生物要素产生影响，如河流、湖泊的水文情势影响着水生态系统中种群和种群间关系，两者的相互作用决定了水生态系统的动态变化；另一方面，生物要素又反过来调节着水文过程，如流域内植被通过改变蒸散发、径流量和土壤水与地下水间的分配影响着水文循环，河滨带植被和河漫滩湿地影响着高流量的出现时机等。

（1）河流年内周期性的丰枯变化的生态响应

河流年内周期性的丰枯变化，造成河流—河漫滩系统呈现干涸—枯水—涨水—侧向漫溢—河滩淹没这种时空变化的特征，形成了丰富的栖息地类型。对于大量水生和部分陆生动物来说，完成生活史各个阶段需要一系列不同类型的栖息地。这种由水文情势决定的栖息地模式，影响了物种的分布和丰度，也促成了物种自然进化的差异。河流系统的生物过程对于水文情势的变化呈现明显动态响应，水生和陆生生物一旦适应了这种环境变化，就可以在洪涝或干旱等看似恶劣的条件下存活和繁衍。可以说，自然水文情势在维系河流及河漫滩的生物群落多样性和生态系统完整性方面具有极其重要的作用。

（2）水文情势要素与生态过程的关系

影响生态过程的主要水文情势包括流量、频率、持续时间、出现时机和水文条件变化率。其中，持续时间指某一特定水文事件发生所对应的时间段，出现时机指水文事件发生的规律性，水文条件变化率指流量从一个值变化到另一个值的速率。

①流量的生态响应

一年内时间流量过程曲线可分为三部分，即低流量、高流量和洪水脉冲流量。低流量是常年可以维持的河流基流。河流基流是大部分水生生物和常年淹没的河滨植物生存所必不可少的基本条件，基流也为陆生动物提供了饮用水。高流量维持水生生物适宜的水温、溶解氧和水化学成分，增加水生生物适宜栖息地的数量和多样性，刺激鱼类产卵，抑制河口咸水入侵。洪水脉冲流量的生态影响包括促进河头连通和水系连通，为河湖营养物质交换以及为鱼类洄游提供条件；洪水侧向漫溢，为河漫滩提供了丰富的营养物质，增加了河漫滩栖息地动态复杂性；为漂流性鱼卵漂流仔鱼生长以及植物种子扩散提供合适的水流条件；抑制河口咸潮入侵；为河口和近海岸带输送营养物质，维系河口湿地和近海生物生存。

②频率的生态响应

不同频率的洪水产生的干扰程度不同。一般认为，中等洪水脉冲产生的干扰对于滩区生态系统的生物群落多样性存在着更多的有利影响。两种极端情况，一是特大、罕见洪水，二是极度干旱，它们对于滩区生态系统的干扰更多的是负面的。特大、罕见洪水对于滩区生态系统可能产生破坏作用甚至引起灾难性的后果。极度干旱则会导致滩区持续的物种生态演替。

③出现时机的生态响应

许多水生生物和河滨带生物在生活史不同阶段，对于水文条件有不同的适应性，表现为或者利用，或者躲避高低不同的流量。如果丰水期与高温期相一致，对许多植物生长都十分有利。河漫滩的淹没时机对于一些鱼类来说非常重要，因为这些鱼类需要在繁殖期进入河漫滩湿地。如果淹没时间与繁殖期相一致，则有利于这种鱼类的繁殖。

④持续时间的生态响应

某一流量条件下水流过程持续时间的生态学意义在于检验物种对于持续洪水或持续干旱的耐受能力。比如河岸带不同类型植被对于持续洪水的耐受能力不同，水生无脊椎动物和鱼类对于持续低流量的耐受能力不同，耐受能力低的物种逐渐被适应性强的物种所取代。

⑤水文条件变化率的生态响应

水文条件变化率会影响物种的存活和共存。在干旱地区的河流出现大暴雨时，非土著鱼类往往会被洪水冲走，而土著鱼类能够存活不来，从而保障了土著物种的优势地位。

四、河流生态系统的地貌过程

（一）流水作用与地貌形态

地表径流对于泥沙的侵蚀、搬运和堆积塑造了丰富多样的地貌类型。例如，流水流经黄土高原地区，强烈的水流侵蚀作用塑造了为数众多、大小不一的沟壑；流水作用于石灰岩、白云岩等碳酸盐类岩石存在的区域，水流的溶蚀作用形成独特的喀斯特地貌。水流的侵蚀作用在高原地区塑造了峡谷，在平原地区形成沟道，而河流泥沙沉积则在平原地区形成了巨大的冲积平原。河流是地貌塑造的有力工具，流经之处在地表留下了显著的痕迹，其塑造的地貌可以统称为流水地貌。一方面，在河流形成历史中，河谷和河床地形主要是流水自身活动的结果，而不是地质变迁的直接产物。但在河流的发育、发展过程中无疑受到多次地壳构造运动和多种外营力作用影响，同时河流在适应过程中造就了新的地貌形态。另一方面，河流的发育也受制于流经地区的地表组成，即地貌类型。地形和岩石的性质是影响河道发育的主要限制因素。在地形险峻、不透水、岩石分布的区域，河流的侧向发展受到了极大的限制，流水塑造出较为窄细的河谷地貌，河床下切较深，但河漫滩分布较少；在地形平缓的平原区域，河床高度发育，雨量充沛情况下多形成交错密布的水网。地表覆被也对河床的塑造起到一定的作用，植被能够减弱水流对于谷坡的冲刷，减少来自河间地的固体物质，营造了良好的下切条件；基岸、河漫滩和滨河床浅滩上的植被往往阻碍侧蚀作用，这也促进了河流的下切作用。

（二）流水地貌与河床

流水形成的河床地貌分为三种形态，分别为河床过程类型决定的大形态、中形态（河漫滩）以及小形态（河床表面微形态）。河漫滩、浅滩以及河床微形态都是在河床水流的作用范围内，对于水生生物均具有直接的影响，因此分析它们的形成过程对于研究河流生态系统具有科学价值。

河漫滩是河床两侧枯水位出露，高水淹没于水面之下的地带。一般而言，地势平坦地区，如平原或半山地河流河谷底部，河漫滩发育良好，面积往往比河床大几十倍。大洪水时期的水流活动和风力作用是塑造河漫滩本体情况的两个最主要因素。河漫滩与河床之间存在频繁的物质交换，不仅是水流中泥沙和营养物质的沉积区域，也是河床内物质的补给来源。河漫滩上通常发育有大量的喜湿性植物，能够起到拦截陆面污染物以及泥沙的作用，泥沙加速沉积进一步促进了河漫滩区域的发展。

平原河流河槽中通常分布有规模大小不一的浅滩，与深槽段交替成群出现。浅滩可能是回水造成的冲积层堆积体，也可能是由河床基地凸起形成的。浅滩形成的泥沙动力学是由于水流输送悬移质泥沙的动能不足，造成的泥沙局部堆积。可以看出，水文条件能够塑造不同的地貌类型，同时地貌类型也对水流及泥沙条件产生影响，浅滩可以被认为是水文、地貌相互作用的产物。浅滩的出现极大地丰富了河槽的内部形态，与深槽段形成天然的跌水，实现了水体的复氧。此外，浅滩段也经常成为鱼类觅食和产卵的场所。

河流微地貌主要指河流局部河段形态及底质组成，与河流动态及自然地理特点相关。局部河段形态对应不同的水流条件，表现为差异性的流速、流向、水深与沉积环境。例如，河流弯曲段是水流的回水区域，凸岸为泥沙和营养物质沉积区域，而凹岸则是水流侵蚀区域。大型平原河流河床底质主要为冲刷干净的沙子，黏土质和粉砂质含量较少；较小的河流河床底质往往如牛轭湖沉积物。底质泥沙的不同级配组成对于营底栖生活的水生生物意义重大。

第二章　生态河道构建工程措施

第一节　河流生态修复的目标

一、修复河道形态

修复河道形态即把经过人工改造的河流修复成保留一定自然弯曲形态的河道，重新营造出接近自然的流路和有着不同流速带的水流。具体来说，就是恢复河流低水河槽（在平水期、枯水期时水流经过）的弯曲、蛇形，使河流既有浅滩，又有深潭，造就水体流动多样性，以有利于生物的多样性。

二、修复河床断面

修复河床断面主要是改造河流中被水泥和混凝土硬化覆盖的河床，恢复河床的多孔质化，同时改造护岸，建设生态河堤，为水生生物重建栖息地环境，使河流集防洪、生态功能于一体，增强自然景观，为居民创造优美的水边环境，提供丰富自然的亲水空间。

三、塑造多自然型的河岸

以往采用的河川护岸工程比较单一和顺直，对河岸的生态功能考虑不足。

河流治理的工程生态措施主要有：①建设亲水河岸，以块石、卵石和其他材料建造低水护岸，改善人水关系，并扩大水生生物的栖息空间；②改造沿河岸的植物生态环境，采用覆土护岸和水边植物措施以增加亲水空间与生态系统保护空间，恢复河岸的自然环境与生态景观；③重新建造自然的河岸线，使鸟类和鱼类有足够的活动栖息空间，保持河岸多种的自然生态系统。

四、采用生态材料的措施

除临海受波浪影响的护岸工程外，堤防工程的表面多采用覆盖泥土、卵石或附近的石材等自然的材料代替混凝土、浆砌块石等硬质材料。新型的护岸材料便于水边植物生长和鱼类产卵栖息，从而恢复堤防工程原有的自然环境。此外，还应注重开发应用生态环保型的建筑材料，如可长草的环保混凝土，用这种新型混凝土构筑海堤和河堤，表面可生长杂草和水草等植物，还可供螃蟹等水生生物栖息，起到保护生态环境的作用。

第二节　河道生态治理的主要模式

一、山溪性河道生态治理

（一）山溪性河道现状

目前，青海省高海拔地区山区河流存在严重的泥沙淤积，影响了河道的基本功能，如防洪、灌溉等，因此对山溪性河道进行整治是十分必要的，同时也是改良水环境的有效方法。传统的设计理念只注重河道的经济作用，往往忽视了对河流生态系统的影响。随着生态观念的进步，开始慢慢注重人与自然的和谐，生态河道的建设逐步被提上日程。

（二）山溪性河道治理措施

1. 滩地与深潭的保留和利用

河漫滩是山溪性河道的特有组成部分，大多位于中下游平坦地带，利于洪水期行洪滞洪。城市周边的河漫滩设计应保留其滞洪功能，可以附加设计休闲、亲水功能，满足人们的娱乐、健身需求。另外，河流的蜿蜒性有利于保留生物的多样性，为各种水生物、微生物创造了适宜的生存环境。

以往的河道整治多采用裁弯取直或渠化的方式，导致河道自然特征丧失。河道的深浅交替有利多种水生物生存繁衍，形成多样化的食物链，也有利于增强河流的自净能力。

为了恢复河道浅滩与深潭交替，应避免传统的河道采用直线性设计。一是根据河床演变趋势，结合河床的结构等特点，确定河道形态，依照河床调整好水头和流向；二是依据原有地形地貌，顺应其蜿蜒性，同时保持河道深浅交替，不随意将河道裁弯取直，防止河道渠化。

2. 复式断面的设计

山溪性河道在河滩段可采用复式断面设计。枯水季节，河道流量较小，河水只流经河流主槽，洪水来临时，允许洪水流过河滩。由于该类截面面积大，洪水的水位很低，一般不需要建立高的堤坝。由于洪水季节短，枯水期根据河滩地形，可以结合河滩宽度和当地的需求进行开发：如果沙滩宽，可以考虑建设足球场和其他大型体育场地；如果河滩面积小，可以建公园、亲水长廊和其他小的户外活动场所。

3.防冲不防淹的低堤设计

山溪性河流洪水具有高水位、持续时间短、流量相对集中的特点，而且对河岸冲刷严重，可以考虑采用低堤设计，提高其稳定性和抗冲能力，允许洪水漫滩，同时要确保下游农田具有一定的抗冲性。针对有防洪要求、基础冲刷严重的河道堤岸，可使用松木桩提高堤防安全性和抗冲能力，而且投资也不大。

4.河岸带植物群落的恢复与重建

采用生物固堤，减少堤防硬化。对于乡间河道，应尽量保持原样，在冲刷严重部位筑堤，保留自然河滩、水中绿洲、湿地等自然形式，尽量减少工程施工对原地貌的扰动和对生态环境的破坏。在堤防建设中，可采用干棚块石等护岸方式，使河岸接近天然形态。在冲刷严重的河岸堤防内侧，种植根系发达的树种，如水杉等，可提高堤防的抗冲能力。

二、平原河网生态治理

（一）平原河网现状

平原河网所处区域一般地势平坦，土质疏松，水头较小，水流较缓，河道顺直，汇水区域大，汇流时间长，洪水发生有缓冲区，水流冲刷相对较小。平原河网常贯穿人口密集区和工业集聚区，水质易受污染，生态系统自我修复能力较弱。

（二）河道生态治理措施

I.规划设计理念

水文地貌形态决定了河流自然形态以及生态环境。河流的生态功能应注重水环境的保护，保护流域生态多样性，同时提高河流的自净能力。

河道在满足其基本功能的同时，应保证河流生态健康，保持其自然特征和水流的多样性等。即自然河流通过断面的变换来调节流速，通过浅滩与深潭交错保证水生物的多样性。

因此，河流的生态治理也必须从生态、文化、经济和社会影响等方面入手，恢复河道的生态功能，保持水资源的持续性；同时满足人类生存的客观要求，正确处理人与水的关系，满足人类用水安全和亲水需求。

2.防洪设计标准

各省乃至各流域的水行政主管部门应制定防洪的统一标准，解除河道自身制约性因素。因此，河道的防洪标准，须由上级主管部门依据《中华人民共和国防洪法》，根据流域面积、不同河道段的重要性，分级分段防洪标准，共同协调管理河道。

3. 生态护堤

平原河网地区应尽量利用原有自然坡岸，辅以适当树、草即可；对于河道的生态治理应尽量将坡比放缓，尽量采取土质岸坡，辅以植物护岸，为水生物群落发育提供有利条件。对于较缓的河岸边坡位，使用木桩、木框等措施加固，既可以满足工程安全要求，又能改善生态环境。在应用木桩护坡时也可以运用生态草袋，袋内装泥土及草籽的混合物，既抗冲刷，之后还可以长出绿草。

对于有通航要求的河道，可以采用复合断面，常水位以下采用干砌，常水位以上采用碎石堆砌，可以减少波浪对河道的冲刷，同时有利于改善生态环境。

4. 提倡缓坡，减少直立式护岸

梯形断面是传统河工学中一种常见的断面形式，多用于中小河流河道整治，结构简单，经济实用。河道两侧属于河道保护范围，通常采用借田租用等方式取得使用权。在河道留地范围内通常设置保护带，种植果树、景观花木等植物，防止周边耕作影响堤防安全。平原河网堤防设计可将护岸与周边景观结合，适当调节护岸的高度和形式，突出水景设计。结合当地的风俗、文化和地理特征，适当降低河堤高度，设置亲水平台，建成石、水、绿、道路相结合的花园滨水景观。

5. 保护湿地，保留河流水面，避免围河湖造地

湿地被称为"城市的肾"，其丰富的水生动植物具有良好的水体净化能力，湿地生态价值逐渐被发现，在防洪、提升水质、改善小气候、美化环境方面效益显著，也是动植物理想的栖息地。保护湿地，首先要保证湿地面积和周边水域面积不再减少，避免围河湖造地，为迁徙的鸟类、湿地植物和动物的生存创造良好的条件，从而改善人类的生存环境。

建设人工鱼巢，创建一个水生动植物生存环境。满足防洪、通航要求的同时，有条件的地方应设置人工鱼巢，多采用空隙较大的碎石护坡，打造鱼类等水生动物、微生物栖息环境。

在河道修筑坎坝时，应保留有辅助性陡坡输水道，这样有利于上游和下游水生动物的沟通，便于鱼类等洄游，有利于鱼类生长。结合当地两栖动物的习性，设置专门的生物通道，以利于其迁徙、洄游、繁殖等，以保护河流的生态环境，维护自然环境的生物多样性。

三、城镇集聚河道生态治理

近年来，由于城市规模的扩大，城市污水处理能力滞后，越来越多的生活污水和工业污水被直接排放到河流，河流的自净能力已无法满足要求，这对城市河流生态系统造成了严重损害，城市河流生态环境问题已变得越来越严重。

（一）河道生态环境的保护

随着城市的发展和环保意识的增强，人们对河道治理的要求也逐步提高，不仅要求河道治理增加景观布设，同时也对河道水质提出了要求。

（二）城市污水处理

城市产生的生活废水直接排入河道，因富含氮、磷等元素，会导致水体富营养化等水系环境污染。相关数据显示，城市污水经初步处理即可达到排放标准，因此应根据产业规模和居住条件设置相对应的氧化池或化粪池等措施，将城市污水初步净化处理后再排放，以满足水体自净能力要求。

（三）合理导流污水

对污染河水的净化处理，一般采用施工导流组织，应该指出的是，如果施工导流不当，会造成周围的农田和河流污染。因此，施工导流方案的规划，需要对施工段长度做合理安排，应建立在充分考虑河流污水处理能力，对河网执行实时水质监测的基础上。选择水质相近或污染更严重的河道进行导入，不得随意导入周边水质较好的河道或农田、水塘。

（四）防止底泥二次污染

河道疏浚会产生大量的弃方，河道淤泥中沉积的重金属会对农田和浅层地下水造成二次污染，所以河道淤泥不得随意堆置、丢弃，避免二次污染。同时，做好弃渣场周围的截排水工程，弃土方量较大时应分层堆置，并在其表面做临时覆盖措施，避免河道淤泥流出产生二次污染。

（五）河道环境的治理措施

河流生态系统是由河岸生态系统、水生态系统、湿地等组合而成的，是一个庞大的系统。同时，它也是生态系统关键的子系统，为生态系统提供基本的物质支持。

必须尊重自然，坚持"人与自然和谐相处"的理念，坚持可持续发展原则，理顺河流生态修复和生态环境建设的关系，才能实现河道的综合治理，实现经济与环境同步协调发展。

（六）加强固体废弃物的处理

对于各类生产建设项目产生的弃土弃渣应进行集中处理或专业处理，特别是其中的表土，施工过程中应集中堆置，并做好临时防护措施，施工结束后综合利用，用于植物措施覆土，以便满足环境保护、防治水土流失的要求。

第三节　生态河道防护措施

一、城市防洪排涝安全

我国城市化发展速度十分迅猛，目前城市人口已占总人口的30%左右。这就意味着城市的人口和财产要大量增加，城市规模要不断扩大，表现在城市防洪方面主要出现如下两个方面的问题：①城市致灾因子加强。主要表现在随着城市规模的扩大，地表覆盖面积增加，即不透水面积增加、透水面积缩小。相对同样的降雨量，地表径流量加大，发生内涝的因素增加。同时城区地下水补给量减少，加剧地面沉降，排涝困难，城市下垫面的变化是大城市内涝不断发生的主要原因。②城市相对于灾害脆弱化。有人认为随着城市的现代化，城市的防洪排涝能力也自然有所加强，事实正相反，越是现代化的城市，对城市洪涝灾害的承受能力越差。主要表现在：①城市人口与财产密度加大，同样的洪涝所造成的生命财产损失加大；②城市地下设施，如交通、仓库、商场、管线等大量增加，抗洪涝能力较差；③维持城市正常运转的生命线系统发达，如电、气、水、油、交通、通信、信息等网络密布，一处发生故障将产生较大面积的辐射影响。

城市河道一般是排洪除涝的主要通道，因此在设计过程中更要重视防洪功能的实现。特别是城市河道往往具有景观、休闲等多重功能，要充分认识和辨清防洪安全在其所具有的复合功能中占据的主导地位，其他功能的实现必须以防洪功能为基础。在实际工作中，这些具体功能之间可能会存在一些差异甚至矛盾，需要通过调查和研究予以协调，选择最符合可持续发展要求的治理方法。

（一）防洪、排涝、排水三种设计标准的关系

目前，在我国大部分城市，城市防洪与城市排水分别属于水务和市政两个行业，在学术研究上，两者也分别属于水利学科和城市给排水学科。而一个城市的防汛工作则由这两个行业共同合作完成。市政部门负责将城区的雨水收集到雨水管网并排放至内河、湖泊，或者直接排入行洪河道，水利部门则负责将内河的涝水排入行洪河道，同时保证设计标准以内的洪水不会翻越堤防对城市安全造成影响。为了保证城市防洪排涝安全，两个部门各有自己的设计标准。市政部门采用的是较低的重现期标准，一般只有1～3年一遇，有的甚至一年几遇。而水利部门有两种设计标准，分别是防洪标准和排涝标准，其重现期一般较高，范围也很宽，防洪标准可从5年一遇到最高万年一遇。在工作中，对于城市防洪、城市排涝及城市排水三种设计标准的概念往往比较模糊，容易弄混。

要搞清楚城市防洪、城市排涝及城市排水三种设计标准的区别，先要明白洪灾与涝灾的区别。按水灾成因划分，洪灾通常指城市河道洪水（客水或外水）泛滥给城市造成严重

的损失；涝灾则是由于城区降雨而形成的地表径流，进而形成积水（内水）不能及时排出所造成淹没损失。为了保护城市免受洪涝灾害，需要构建城市防洪排涝体系。

一个完整的防洪排涝体系包括防洪系统和排涝系统。防洪系统是指为了防御外来"客水"而设置的堤防、泄洪区等工程设施以及非工程防洪措施，建设的标准是城市防洪设计标准；排涝系统包括城市雨水管网、排涝泵站、排涝河道（又称内河）、湖泊以及低洼承泄区等，城市管网、排涝泵站的设计标准一般采用的是市政部门的排水标准，排涝河道（又称内河）湖泊等一般采用水务部门的城市排涝设计标准。

城市防洪标准的制定，是一项涉及面很广的综合性系统工程，它与城市总体规划、市政建设以及江河流域防洪规划等联系密切，城市防洪标准分级只采用"设计标准"一个级别。在规划设计上，排水管网采用根据暴雨强度公式计算的一定重现期的流量作为设计标准，这个重现期是指相等的或更大的降雨强度发生的时间间隔的平均值，一般以年为单位。重现期一般采用 0.5 ~ 3 年，重要干道、重要地区或短期积水即能引起较严重后果的地区，一般采用 3 ~ 5 年；更重要的地区还可以更高，如北京天安门广场的雨水管道，是按照特别重要的排水标准采用设计重现期等于 10 年进行设计的。

城市防洪、城市排涝及城市排水三种设计标准的区别与联系主要表现在以下几个方面：

1. 适用情况不同

城市排涝设计标准主要应用于城市中不具备防洪功能的排涝河道、湖泊、池塘等的规划设计中，主要计算由区域内暴雨所产生的城市内涝。城市防洪标准主要应用于城市防洪体系的规划设计，包括城市防洪河道、堤防、泄洪区等，沿海城市还包括挡潮闸及防潮堤等。其涉及的范围不但包括区域内暴雨所产生的城市内涝，还包括江河上游地区及城市外围产生的"客水"。城市排水设计标准主要应用于新建、扩建和老城区的改建、工业区和居住区等建成区，它是以不淹没城市道路地面为标准，对管网系统及排涝泵站进行设计。

2. 重现期含义的区别

城市防洪设计标准中的重现期是指洪水的重现期，侧重"容水流量"的概念；城市排涝设计标准与城市排水设计标准中的重现期，指的是城市区域内降雨强度的重现期，更侧重于"强度"的概念。

另外，城市排涝设计标准和城市排水设计标准中的重现期的含义也有区别。城市排涝设计标准中的重现期采用 n 年一次选样法，即在 n 年资料中选取每年最大的一场暴雨的雨量组成 n 个年最大值来进行统计分析。由于每年只取一次最大的暴雨资料，所以在每年排位第二、第三的暴雨资料就会遗漏，这样就使得采用这种方法推求高重现期时比较准确，而对于小重现期其结果就会明显偏小；而城市排水设计中暴雨强度公式里面的重现期采用的是 n 年多个选样法，即每年从各个历时的降雨资料中选择 6 ~ 8 个最大值，取资料年数 3 ~ 4 倍的最大值进行统计分析，该法在小重现期时可以比较真实地反映暴雨的统计规律。

3. 突破后危害程度不同

洪水对整个流域内经济社会的危害程度要远远大于一场暴雨对于一个城市的危害程度。值得注意的是，从 20 世纪 90 年代以来的水灾统计资料看，涝灾在水灾损失中所占的比例呈增长趋势，这一特点在南方流域中下游平原地区和城市表现得尤为突出。经分析，在我国水灾损失中，涝灾损失约为洪水的两倍。分析其原因，主要是随着城市化进程的加快，城市向周边地区高速扩张，这些地区又往往是低洼地带，城市不透水面积的增加，导致地表积涝水量增多，加之在城市发展过程中对涝水问题往往缺乏足够的认识，排涝通道和滞蓄雨水设施不充分，一旦发生较强的降雨就出现严重内涝。

4. 外洪内涝之间具有一定程度的"因果"关系

城市外来洪水和城市内涝之间存在相互影响、相互制约、相互叠加的关系：行洪河道洪水水位高，则涝水难以排出；而城市排涝能力强，则会增加大行洪河道的洪水流量，抬高河道水位，加大防洪压力和洪水泛滥的可能性。当出现流域性洪水灾害时，平原发生洪水泛滥的地区通常已积涝成灾，如 1931 年、1954 年、1998 年洪水期间，长江中下游洪水泛滥区多为先涝后洪，遭受洪灾的圩垸地区，80%～85% 都已先积涝成灾，洪水泛滥则使其雪上加霜。

城市防洪标准与城市排涝标准的接近程度和流域面积的大小有关系，流域面积越小，二者关系越接近，这是由于越小的流域内普降同频率暴雨的可能性越大。在一个较大流域内，不同地区可能发生着不同重现期的暴雨，而整个流域下游河道形成的洪水的重现期可能大于流域内大部分地区暴雨的重现期。两者的关系还取决于各地区排涝设施的完善程度，对于小流域来说，二者常常是一回事。

据统计，目前我国有防洪任务的城市 642 座（未计港澳台地区），其中只有 177 座城市达到国家防洪标准，占全部有防洪任务城市总数的 28%；另外还有 465 座城市低于国家规定的防洪标准，占总数的 72%。随着我国各地经济的发展，越来越多的城市把城市防洪排涝体系建设提到了重要议程，大约已有 440 座城市制订了防洪规划。在城市防洪体系的建设中，一定要正确处理好"防外洪"与"排内涝"之间的关系，依据作为保护对象的城市的重要程度及破坏后果，合理确定不同区域、不同河道相应的防洪、排涝及排水设计标准，保证各个城市的防洪排涝安全，把超标准洪涝灾害对城市造成的损失降到最低。

（二）相关水力设计

1. 流量和水位

城市水利工程定量的分析和设计需要进行水文、水力学、泥沙、结构稳定等方面的计算，推求设计流量和相应水位是所有工作的第一步也是关键的一步。城市河湖流量和水位往往不是单一的，应考虑多个流量和水位条件。

在不同的流量条件下，流速随着流量的加大相应变大，当流量达到出槽（出滩）水位时，河道流速一般情况下会逼近最大值。很多观测资料已经证明，在水位上升阶段，水流溢出到河漫滩，横向的动量损失会导致河道水流流速降低，在这种情况下，可根据平滩水力条件进行河岸防护设计或进行河流内栖息地结构的稳定性分析。如果水流受到地形或植被的影响，随着流量的增加，河道流速继续增加，须采用最大洪水流量条件下的参数进行河道岸坡防护和栖息地结构设计。

在工程规划设计中考虑河岸带的植物和景观设计，应进行有植被区可能淹没水深及流速的评价分析，从而指导植被物种的选取以及节点铺装的选择。为了避免滩地景观建设对河道行洪安全的影响，在河岸带种植、景观设施建设中一般应满足以下要求：①滩地景观节点处的铺装广场高程应与附近平均滩面平齐，广场栏杆路灯、座凳和雕塑的排列方向应与主流方向基本一致。②滩地上禁止种植一定规模的片林，减少冠木和高秆植物的种植。③滩地禁止建设较大体积的单体建筑或永久性建筑。④施工临时物料堆放场地应尽量安排在近堤处或堤外，禁止在大桥等河道卡口处集中堆放大量的河道疏浚开挖料。

2. 设计雨洪流量过程计算

城市防洪、城市排涝是紧密联系的，但也是有区别的两个概念。一般认为，城市防洪是防止外来水影响城市的正常运作，防止外洪破城而入；城市排涝是排除城市本地降雨产生的径流；城市洪涝灾害显著的特点是内涝，即外河洪水位抬升，城区雨洪内水难以有效排除而致涝灾；外洪破城而入并非普遍现象，城市河道设计流量往往是根据暴雨系列资料，按照设计标准推求雨洪流量。

（1）城市地区设计暴雨过程计算

目前排水设计手册应用下式：

$$i = \frac{A_1\left(L + C\lg T_{\mathrm{E}}\right)}{(t + B)^n} \qquad (2\text{-}1)$$

式中：i 为平均暴雨强度，mm/min；T_{E} 为重现期，年；t 为降水历时，min；B、n、A、C 为地方参数。

另一种公式形式为：

$$i = \frac{A}{t^n + B} \qquad (2\text{-}2)$$

重现期 T_{E} 综合考虑当地经济能力和公众对洪灾的承受能力后选定，亦可进行定量经济分析。地方参数可查设计手册，也可根据历史资料进行计算。

水利部门采用的设计暴雨公式为：

$$i = \frac{A}{t^n} \qquad (2\text{-}3)$$

水利部门拟定设计暴雨时程分配方法时，一般是采取当地实测雨型，以不同时段的同频率设计雨量控制，分时段放大，要求设计暴雨过程的各种时段的雨量都达到同一设计频率。

参考我国水利部门习惯采用的同频率放大法及城市设计暴雨的特性，可以得到用于推求城市设计暴雨过程的同频率法。使用该方法所得设计暴雨过程的最大各时段设计雨量与公式计算结果一致。用 r 表示峰前降水历时时段数（包括最大降水时段），取

$$A = A_1 \left(L + C \lg T_E \right) \tag{2-4}$$

设计暴雨强度公式也可以写成：

$$i = \frac{A}{(t+B)^n} \tag{2-5}$$

计算时段用 D_t 表示，降水总时段数为 t，降水总历时为 $T = m \times D_t$，取 $t = KD_t$，可计算出各种历时的设计暴雨强度 i_k 及设计暴雨量 SP_k：

$$\left.\begin{aligned}
i_k &= \frac{A}{\left(KD_t + B \right)^n} \\
SP_k &= \frac{AKD_t}{\left(KD_t + B \right)^n} \\
k &= 1,2,\cdots,m
\end{aligned}\right\} \tag{2-6}$$

用 LP 表示各时段的设计暴雨量，则有：

$$\left.\begin{aligned}
LP_1 &= SP_1 \\
LP\ \ &= SP_2 - SP_1 \\
&\vdots \\
LP\ \ &= SP\ \ - SP_{k-1} \\
k &= 2,3,\cdots,m \\
LP\ &\geqslant LP\ \ \geqslant LP\ \geqslant \cdots \geqslant LP_m
\end{aligned}\right\} \tag{2-7}$$

然后将这样得出的设计暴雨过程再进一步修正。修正方法将最大时段暴雨放在第 r 时段上，设 P_1，$P_2\cdots$，P_m 为修正后的设计暴雨时程分配，则有：

当 $r \leqslant \dfrac{m}{2}$ 时

$$P_{(j)} = \begin{cases} LP(2r - 2j) & j = 1 \sim r - 1 \\ LP(2j - 2r + 1) & j = r \sim 2r - 1 \\ LP_j & j = 2r \sim m \end{cases} \qquad （2\text{-}8）$$

当 $r > \dfrac{m}{2}$ 时

$$P_{(j)} = \begin{cases} LP(m - 1 - j) & j = 1 \sim m - 2(m - r) - 1 \\ LP(2r - 2j) & j = m - 2(m - r) \sim r - 1 \\ LP(2j - 2r + 1) & j = r \sim m \end{cases} \qquad （2\text{-}9）$$

（2）设计暴雨频率计算中的选样方法

暴雨资料选样应满足独立随机选样的要求，并符合防洪设计标准的含义。而每年有多个洪峰、时段洪量、时段雨量，国内外常见的有年最大值法、一年多次选样法、年超大值法、超定量法四种选择方法。

3. 糙率

传统的河道工程一般从防洪角度出发，为了有利行洪，不允许河道内生长高秆、高密度植物，但在城市河道工程中，为了发挥河流的生态景观功能，一般要在河道岸坡和河漫滩引入植被。但植被的引入不可避免地要改变河道水力特性，影响水流过程，降低行洪能力。为此，需要专门的水力学计算，评价河道过流能力，并采取相应的补偿措施以满足防洪需求。按照常规水力学的计算要求，需要确定河道和河漫滩的糙率 n。

糙率又称粗糙系数，是反映河床表面粗糙程度的重要水力参数。城市河道的糙率与河道断面的形态、床面的粗糙情况、植被生长状况、河道弯曲程度、水位的高低、河槽的冲淤以及整治河道的人工建筑物的大小、形状、数量和分布等诸多因素有关，是水力计算的重要灵敏参数。在水力计算中，河道糙率选取得恰当与否，对计算成果有很大影响，因而在确定糙率时必须认真对待。

糙率 n 值的变化受到上述诸多因素影响，而这些因素的变化情况，不但不同特性的河流不同，即使是同一条河流的上、下游各处，乃至同一河段的各级水深处也是不一样的。因此，各个具体河段糙率的大小及其变化，是上述诸因素综合作用的结果。也就是说，在影响河道糙率的河床质组成、岸坡特征、植被状况、平面形态因素中，只要其中任何一项发生变化，就可能会引起糙率 n 值的变化。如果其中多项因素均发生变化，通过综合作用的结果，可能会出现糙率 n 值的巨变、微变、不变等多种情况。因此，糙率随水深变化的

h-n 关系曲线，实际反映了某一河段各级水深时不同因素综合影响的结果。在某一级的水深变幅，如果这种综合作用的影响逐渐增大了对水流的阻力，则糙率 n 值也增大，反之则减小，如果维持不变，则 n 值也不变。

从实际的水文分析和经验认识，一般情况是：低水深时随着水深的减小，河床底部相对糙度和湿周的影响越来越大，所以糙率增大；随着水深的增加，床面影响逐渐减小，岸坡影响增大。如果岸坡是天然岩石或人工浆砌的，或虽然是土质但相对平整、规则，且植被稀疏，河岸线顺直，河床和岸坡的综合影响对整个水流的阻力相对减小，则糙率随水深的增大而减小；如果岸坡凹凸度大，坎坷不平，岸边线不顺直，而且随水深的增加越加显著，或是随着水深的增加有了植被影响，如树林、高秆农作物，而且密度渐增等，则低水深以上可能出现糙率增大的情况。如前所述，如果低水深或中等水深以上，河段平面特征、河床、岸坡、植被等情况下的阻水作用互相抵消了，则可能糙率值不变。

对河道糙率的确定最好采用本河道实测水文资料进行推算，而对无实测资料或资料短缺的河道，参照地形、地貌、河床组成、水流条件等特性相类似的其他河道的实测资料进行分析类比后选定，或用一般的经验公式来确定。

4. 流速

河道流速的大小主要与河流的水面纵比降、河床的粗糙度、水深、风向和风速等因素有关。河流中的流速沿着垂线（水深）和横断面是变化的，理解和研究流速的变化规律对解决工程的实际问题有很重要的意义。

（1）垂线上的流速分布

河道中常见的垂线流速分布曲线，一般水面的流速大于河底，且曲线呈一定形状。只有封冻的河流或受潮汐影响的河流，其曲线呈特殊的形状。由于影响流速曲线形状的因素很多，如糙率、冰冻、水草、风、水深、上下游河道形势等，垂线流速分布曲线的形状多种多样。

许多学者经过试验研究得出一些经验、半经验性的垂线流速分布模型，如抛物线模型、指数模型、双曲线模型、椭圆模型及对数模型等。但这些模型在使用时都有一定的局限性，其结果多为近似值。

（2）横断面的流速分布

横断面流速分布也受到断面形状、糙率、冰冻、水草、河流弯曲形势、水深及风等因素的影响。可通过绘制等流速曲线来研究横断面流速分布的规律，分别为畅流期及封冻期的等流速曲线。

河底与岸边附近流速最小；冰面下的流速、近两岸边的流速小于中泓的流速，最深处的水面流速最大；垂线上最大流速，畅流期出现在水面至 $0.2h$ 范围内；封冻期则由于盖面冰的影响，对水流阻力增大，最大流速从水面移向半深处，等流速曲线形成闭合状。

在工程规划设计中，技术人员关注流速大小的意义主要表现在如下两个方面：

①河道的河床土质是否能满足设计最大流速的抗冲要求。这决定了是否对岸坡或河底采取防护措施。

②计算防护工程或水工建筑物时河床冲刷深度设计流速的选取。这里需要注意不同的

公式要求的流速概念是不同的，比如说，在冲刷深度的计算公式中，波尔达科夫公式流速为坝前的局部冲刷流速，马卡维耶夫公式和张红武公式中流速则为坝前行进流速。

另外，由于水沙运动及其河床变形的复杂性，设计人员对流速准确的选择是相当困难的。如果取断面平均流速作为行进流速，难以反映流速对工程的直接作用，且偏小；而若采用大水行进流速或建筑物前的瞬时最大流速，不仅缺乏测验资料，而且偏大很多。因此，在设计中大多是根据河道的实际特点概化合理的流速范围的，最终结合经验选择。对设计人员来说，在实际工作中能够收集或者掌握的是某个断面位置某一点的实测流速值，或者根据水面线推求计算得到的某个河道大断面的平均流速，这就需要注意不同流速之间的换算。

二、亲水安全

"亲水设计"一词是现代景观设计的概念，也是现代景观设计的重要内容之一，是为了满足人们亲水活动的心理要求，建造现代城市亲水景观和亲近自然的居住环境而提出的。亲水设计的内容通常根据人们亲水活动的范围而确定，常见的亲水活动主要有岸边戏水、水边漫步、垂钓和其他活动。因而，"亲水设计"更多体现的是亲水设施和场地的设计，例如水边阶梯与踏步、水边散步道、栈道与平台、休憩亭与坐椅等。

在提倡近水和亲水设计的同时，不应忽略安全问题，狭义的亲水安全指的是在接近、接触水的水边部位应考虑防范性的安全设施，避免在亲水区发生跌倒、溺水事故。广义的亲水安全除安全防护避免人员伤亡外，还应满足人们戏水、玩水与水接触时水质的达标与否。

（一）亲水水质要求

I. 水质标准

（1）景观娱乐用水水质标准
一般城市水利工程的水源来自两个方面：河水以及地下水。各种景观因其效果不同，对于水质要求也有很大区别，分为 A、B、C 三类标准。

（2）地表水环境质量标准
依据地表水水域环境功能和保护目标，按功能高低依次划分为如下五类：
①Ⅰ类主要适用于源头水、国家自然保护区。
②Ⅱ类主要适用于集中式生活饮用水地表水源地一级保护区、珍稀水生生物栖息地、鱼虾类产场、仔稚幼鱼的索饵场等。
③Ⅲ类主要适用于集中式生活饮用水地表水源地二级保护区、鱼虾类越冬场、洄游通道、水产养殖区等渔业水域及游泳区。
④Ⅳ类主要适用于一般工业用水区及人体非直接接触的娱乐用水区。
⑤Ⅴ类主要适用于农业用水区及一般景观要求水域。
对应地表水上述五类水域功能，将地表水环境质量标准基本项目标准值分为五类，不

同功能类别分别执行相应类别的标准值。水域功能类别高的标准值高于水域功能类别低的标准值。同一水域兼有多类使用功能的，执行最高功能类别对应的标准值。

2. 水质评价

（1）评价方法

一般可采用单因子与综合加权法对河道水体进行水质评价。下面对单因子和综合加权法予以介绍。

①单因子法

以水体单个指标与标准值的比较作为依据评价水质的一种方法。其计算公式如下：

$$P_i = C_i / S_i \qquad (2\text{-}10)$$

式中：P_i 为超标倍数；C_i 为第 i 项污染参数的监测统计浓度值；S_i 为第项污染参数的评价标准值。

②综合加权法

将综合指标与水质类别统一起来进行分析，计算公式如下：

$$I_j = q_j + \rho \sum_{i=1}^{m} \frac{W_i}{\sum W_i} \cdot \frac{C_i}{S_i} \qquad (2\text{-}11)$$

式中：I_j 为 i 断面综合指数；q_j 为 i 断面综合水质类别的影响，当水质类别为Ⅰ、Ⅱ、Ⅲ、Ⅳ、Ⅴ类时分别对应1、2、3、4、5，水质超过Ⅴ类水质时定义为劣Ⅴ类水质，q_j 取6；ρ 为经验系数；W_i 为第 i 项污染指标的权重。

$$\rho \times \sum_{i=1}^{m} \frac{W_i}{\sum W_i} \cdot \frac{C_i}{S_i} \leqslant 1 \qquad (2\text{-}12)$$

ρ 的选取既要保证式(2-12)的作用，又要具有较高的分辨率，当水质类别为Ⅰ类时，ρ 取1；当水质类别为Ⅱ类时，ρ 取0.147；当水质类别为Ⅲ类时，ρ 取0.145；当水质类别为Ⅳ类时，ρ 取0.141；当水质类别为Ⅴ类时，ρ 取0.118；当水质类别为劣Ⅴ类时，ρ 取0.117。

W_i 计算公式如下：

$$W_i = \frac{S_{i1}}{S_{i5}} \qquad (2\text{-}13)$$

式中：S_i 为第 i 种污染指标Ⅰ类水质标准值；S_{is} 为第 i 种污染指标Ⅴ类水质标准值。

很明显，这种方法计算的综合指数由整数和小数两部分组成，其优点在于，指数的整数部分代表了水质的类别，小数部分考虑了各污染指标的超标程度及其权重，说明了水体的污染程度。式中 W_i 的确定是以污染物超标倍数对水质的贡献率大小为依据的，它的指导思想是基于地表水环境质量标准中的Ⅰ类标准，同样的超标倍数，若达到更差类别水质标准，即说明此污染指标对水污染超标率贡献大，并且考虑综合指标数与水质类别相一致，这在水质综合评价中具有一定的可比性。

（2）评价指标

根据功能要求，选择相应的水质标准作为评价标准，通过取样采用合理的评价方法对水体水质中的高锰酸盐指数、总氮、总磷、色度、pH 值和浊度等指标进行分析，说明水质达标情况。一般来说，总氮、总磷、高锰酸盐指数、浊度、色度、pH 值的大小代表了水体受污染的程度，说明这些指标的数值就是水体是否受到污染以及受污染程度的体现。

①氮和磷

氮和磷含量高是景观水体富营养化的根源，景观水质变化的主要原因是太阳光直接照射到池底，加上部分富营养化的生活污水的渗透，极易促进藻类的生长与繁殖。如果藻类的生长不能尽快处理，就会出现藻类疯长的现象，水体变绿，水的底层变成黑色，甚至透明度降为零。同时藻类在生长中还与观赏鱼争抢水中的氧气，使观赏鱼因为缺乏氧气而死亡。另外，水体藻类的繁殖会引起水体中溶解氧的消耗，导致水体缺氧并滋生厌氧微生物造成水体发黑发臭。一般来说，水体中藻类大量繁殖生长，水质发生恶化，则在这种情况下仅靠水体原有的生态系统是难以完成自净的。科学研究发现，水中藻类大量繁殖的原因在于水体中的氮和鳞等营养成分。大多数水体的来源主要是补充河水、地下水和雨水，水中含有数量不等的氮和鳞等营养元素。另外，水在空气中的自然蒸发，水中的氮、鳞不断浓缩，加上换水不及时，水体不流动，几乎是一潭"死水"，致使藻类以及其他水生物过量繁殖，水体透明度下降，溶氧降低造成水质恶化。

②高锰酸盐指数

高锰酸盐指数是在一定条件下，以高锰酸钾（$KMnO_4$）为氧化剂，处理水样时所消耗的氧化剂的量，称为高锰酸盐指数。在一定条件下，水中有机物只能部分被氧化，并不是理论上的需氧量，也不是反映水体中总有机物含量的尺度，因此用高锰酸盐指数这一术语作为水质的一项指标，以有别于重铬酸钾法的化学需氧量，更符合客观实际。

水体中的高锰酸盐指数越低，表明景观水的水质越好；高锰酸盐指数越高，表明景观水受污染状况越严重。

③浊度

水中含有泥土、粉砂、微细有机物、无机物、浮游生物等悬浮物和胶体物都可以使水质变得浑浊而呈现一定浊度。水的浊度不仅与水中悬浮物质的含量有关，而且与它们的大小、形状及折射系数等有关。浊度的高低一般不能直接说明水质的污染程度，但水的浊度越高，则水质越差。

④pH 值

水的 pH 值，也就是水的酸碱度，它主要对水体和水岸边植物的生长产生影响，对水体中动物的生活和水体中的微生物活动产生影响。

如果水体过于偏碱性或过于偏酸性，就会导致水体中的动植物和微生物不能正常活动，从而导致整个水体的自净功能瘫痪。

⑤水的色度

水的色度是对天然水或处理后的各种水进行颜色定量测定时的指标。水中溶解性物质和悬浮物两者呈现的色度是表色，水的色度是指去除浑浊度以后的色度，是真色。纯水无色透明，清洁水在水层浅时应无色，在水层深时为浅蓝绿色。天然水中含有腐殖酸、富里酸、藻类、浮游生物、泥土颗粒、铁和锰的颗粒等，所观察到的颜色不完全是溶解物质所造成的，天然水通常呈黄褐色。多数洁净的天然水色度在 15° ~ 25°，色度这一指标并不能清楚地说明水的安全性。

虽然色度并不能准确地表示水体的污染程度，但城市河道水体本身就是供人们欣赏用的，人们从感官上只会注意水的颜色和味道，所以如果景观水的水体颜色较深，常给人以不愉悦感，根据水质分析结果，景观水的水体颜色越深，水体受污染状况越严重。

3. 水处理技术

城市河道水体的水质维护主要目标是控制水体中 COD、BOD_5、氮、磷、大肠杆菌等污染物的含量及菌藻滋生，保持水体的清澈、洁净和无异味。水处理的目的是保证和保持整个景观水域的水质，使水景真正成为提高居民生活品质的重要因素。为了使水景的感官效果和水质指标都能达到景观水景的设计和运行要求，就要有相应的水处理技术对景观水水体进行处理，从而使水景完美地展示出其效果。

（1）物理措施

在景观水处理技术中，传统的治理方法就是物理过滤方法和引水换水法，虽然这些物理方法不能保证水体有机物污染的降低，彻底净化水质，但其能短时间内改善水质，是水体净化的首选处理方法。

①引水换水

水体中的悬浮物（如泥、沙）增多，水体的透明度下降，水质发浑，可以通过引水换水的方式，稀释水中的杂质浓度。但是需要更换大量干净的水，在水资源相当匮乏的今天，势必要减少宝贵的水资源用量。换水的效果依补水量而定，维持时间不确定，操作容易。

②循环过滤

在水体设计的初期，根据水量的大小，设计配套循环用的泵站，并且埋设循环用的管路，用于以后日常的水质保养。和引水换水相比较，大大减少了用水量。景观水处理技术方法简单易行、操作方便、运行稳定，可根据水系的水质恶化情况调整过滤周期。仅需要循环设备及过滤设备，运行简单，效果明显，自动化程度高，操作较为容易，但需要专人管理。

③截污法

对城市河道首先考虑的是控制外源污染物的进入。截污就是指将造成水体污染的各个污染源除去，使水体不再受到进一步污染，这也是保证水质达标的先决条件。

（2）物化处理

河道水体在阳光的照射下，会使水中的藻类大量繁殖，布满整个水面，不仅影响水体的美观，而且挡住了阳光，致使许多生长在水下的植物无法进行光合作用，释放氧气，使水中的污染物质发生化学变化，导致水质恶化，发出难闻的恶臭，水也变成了黑色。所以会投加化学灭藻剂，杀死藻类。久而久之，水中会出现耐药的藻类，灭藻剂的效能会逐渐下降，投药的间隔会越来越短，而投加的量会越来越多，灭藻剂的品种也要频繁地更换。因此对环境的污染也在不断地增加，这种污染会影响我们的下一代。用化学的方式处理水质，虽然是立竿见影的，但它的危害也是显而易见的。灭藻剂的设备（循环设备，加药装置）成本较高，运行成本（耗电，药剂费用）较高，效果虽明显，但维持时间短，操作较为容易，且需要专人管理。

因此，在采用化学法处理景观水水体时，应结合物理措施，这样可以使化学法和物理法共同达到最佳处理效果。

①混凝沉淀法

混凝沉淀法的处理对象是水中的悬浮物和胶体杂质。混凝沉淀法具有投资少、操作和维修方便、效果好等特点，可用于对含有大量悬浮物、藻类的水的处理，对受污染的水体可取得较好的净化效果，城市景观河流、人工湖可以采用此方法。而且沉淀或澄清构筑物的类型很多，可除藻率却不相同，可以根据实际情况选择合适的处理构筑物。

②加药气浮法

投加化学药剂，可以杀死藻类，这样虽可以在一段时间内使水质变清，但久而久之，水中会出现耐药的藻类，化学药剂的效能会逐渐下降，投药的间隔会逐渐缩短，而投加的量会越来越多，药剂的品种也要频繁地更换，对环境的二次污染也在不断地增加。投加化学药剂虽然能使水体变清而且成本较低，但该方法并不能从根本上改善水质，相反长期投加还会使水质越来越差，最终使水体成为一潭死水。而气浮净水工艺处理效果显著且稳定，并能大大降低能耗，其对藻类的去除率能达 80% 以上。气浮净水工艺具有如下主要优点：①可有效去除水中的细小悬浮颗粒、藻类、固体杂质和磷酸盐等污染物；②气浮可大幅度增加水中的溶解氧；③易操作和维护，可实现全自动控制；④抗冲击负荷能力强。

③人工曝气复氧技术

水体的曝气复氧是指对水体进行人工曝气复氧以提高水中的溶解氧含量，使其保持好氧状态，防止水体黑臭现象的发生。曝气复氧是景观水体常见的水质维护方法，充氧方式有直接河底布管曝气方式和机械搅拌曝气方式，如瀑布、跌水、喷水等，可以和景观结合起来运行，如喷泉、水墙。研究表明，纯氧曝气能在较短的时间内降低水体的有机污染，提高水体溶解氧浓度和增加水体自净能力，起到改善环境质量的积极效果。

④太阳光处理法

一是水中加入一定量的光敏半导体材料，利用太阳能净化污水；二是利用紫外线杀菌，紫外线具有消毒快捷、彻底，不污染水质，运作简便，使用及维护的费用低等优点。紫外线消毒的前处理要求高，在紫外线消毒设备前端必须配置高精密度的过滤器，否则水体的透明度达不到要求，影响紫外线的消毒效果。

（3）生化处理

生物界菌种的种类繁多，都有着相当复杂的生理特性，例如有固氮菌、嗜铁细菌、硫化细菌、发光菌等，这些微生物在生态系统中起着举足轻重的作用，离开了它们自然界将堆满动植物的尸体，到处都是垃圾。

在水生生态中，作为分解者的微生物，能将水中的污染物（包括有机物、某些重金属等）加以分解、吸收，变成能够为其他生物所利用的物质，同时还要让它能够降低或消除某些有毒物质的毒性。

微生物菌种在水体中，不仅要完成其基本的分解有机物、降低或消除有害物质毒性的作用，还能将水生植物的残枝败叶转换成有机肥，增加土壤的有机质，并且对土壤进行改良，改善土壤的团粒结构和物理性状，提高水体的环境容量，增强水体的自净能力，同时也减少了水土流失，抑制了植物病原菌的生长。生态水处理无需循环设备的投资，但须增加对微生物培养的投入，包括充氧设备及调节水质的药剂等。

生化处理法的原理是利用培育的生物或培养、接种的微生物的生命活动，对水中污染物进行转移、转化及降解作用，从而使水体得到恢复，也可以称之为生物－生态水体修复技术。本质上说，这种技术是对自然界恢复能力和自净能力的一种强化。开发生物－生态水体修复技术，是当前水环境技术的研究开发热点。

①生物接触氧化

生物接触氧化被广泛用于微污染水源水的处理。若景观水体的初期注入水和后期补充水中的有机物含量较高，则可利用生化处理工艺去除此类污染物，目前被广泛采用的工艺是生物接触氧化法，它具有处理效率高、水力停留时间短、占地面积小、容积负荷大、耐冲击负荷、不产生污泥膨胀、污泥产率低、无需污泥回流、管理方便、运行稳定等特点。

②膜生物反应器

在反应器中，用微滤膜或超滤膜将进水与出水隔开，在进水部分培养活性污泥或投入培育好的活性污泥，并曝气，其出水水质不仅可去除 CODMn、NH_3-N，而且对浊度的降低率极高。

③PBB 法

PBB 法是原位物理、生物、生化修复技术，主要是向水体中增氧与定期接种有净水作用的复合微生物。PBB 法可以有效去除硝酸盐，这主要是通过有益微生物、藻类水草等的吸附，在底泥深处厌氧环境下将硝酸盐反硝化成气态氮，再上升至水面返还给大气。抑制与去除水中磷、氮的化学机制虽不相同，但都需要充足的氧，氧是治理水环境的首要条件。所以，PBB 法采用叶轮式增氧机，它具有很好的景观水体治理功能。

④生物滤沟法

生物滤沟法是将传统的砂石过滤与湿地塘床相结合的组合处理方法，它采用多级跌水曝气方式，能有效地控制出水的臭味、氨氮值和提高有机物的去除效果。

⑤综合法

综合法是将曝气法、过滤法、细菌法、生物法有机地结合起来，再加以根本的改变，以这样的环节处理景观水，将使景观水永远清澈、鲜活，不变质。

（4）生态修复法

生态修复法是一种采用种植水生植物，放养水生动物，建立生物浮岛或生态基的做法，适用于全开放式景观水体。它以生态学原理为指导，将生态系统结构与功能应用于水质净化，充分利用自然净化与水生植物系统中各类水生生物间功能上相辅相成的协同作用来净化水质，利用生物间的相克作用来修饰水质，利用食物链关系有效地回收和利用资源，取得水质净化和资源化、景观效果等综合效益。生态修复法通过水、土壤、砂石、微生物、高等植物和阳光等组成的自然处理系统对污水进行处理，适合按自然界自身规律恢复其本来面貌的修复理念，在富营养化水体处理中具有独到的优势，是目前最常用和用得最成功的生态技术。

①生物操纵控藻技术

生物操纵是利用生态系统食物链摄取原理和生物相生相克关系，通过改变水体的生物群落结构来达到改善水质，恢复生态平衡的目的的。其实现途径有两种；放养滤食性鱼类吞藻，或放养食肉性鱼类以减少以浮游动物为食的鱼类数量，从而壮大浮游动物种群。有研究认为，平突船卵蚤等大型植食性浮游动物能显著减少藻类生物量。试验结果表明，放养滤食性鱼类可有效地遏制微囊藻水华。在实际应用中，生物操纵的难度较大，条件不易控制，生物之间的反馈机制和病毒的影响很容易使水体又回到原来的以藻类为优势种的浊水状态。

②水生植物净化技术

高等水生植物与藻类同为初级生产者，是藻类在营养、光能和生长空间上的竞争者，其根系分泌的化感物质对藻细胞生长也有抑制作用。日本尝试过利用大型水生植物的生物活性抑制藻类生长。国内研究表明，沉水植物占优势的水体，水质清澈，生物多样性高。目前研究较多的水生植物有芦苇、凤眼莲、香蒲、伊乐藻等。浮床种植技术的发展为治理富营养化水体提供了新的思路，该技术以浮床为载体，在其上种植高等水生植物，通过植物根部的吸收、吸附、化感效应和根际微生物的分解、矿化作用，减少水体中的氮、磷营养盐和有机物，抑制藻类生长，净化水质。采用生态浮床技术进行水体修复试验，水体透明度、TP、TN等指标均有明显好转。利用水生高等植物组建人工复合植被在富营养化水体治理中具有独特优势，但要注意防止大型植物的过量生长，使藻型湖泊转变为草型湖泊，这会加速湖泊淤积和沼泽化，在非生长季节大型植物的腐败对水质的影响会更大。大型水生植物对河道、湖泊的船只通航也有一定影响。

③自然型河流构建技术

"亲近自然河流"概念和"自然型护岸"技术很早就已经被人们提出，也有很多人成功利用了此技术。"创造自然型河川计划"构建自然型河流思路的共同特点是通过河流生态系统的修复，恢复提高河流的自净能力。多自然型河流构建技术包括生物和物理两部分。

多自然型河流的生物部分：自然型河流构建技术中应用的生物主要是水生植物和水生动物。利用水生植物净化河水的原理是利用水生植物如芦苇、水花生、菖蒲等吸收水中的氮、磷，有些水生植物如凤眼莲、满江红等能较高浓度富集重金属离子，芦苇则能抑制藻类生长。此外，水生植物还能通过减缓水流速度促进颗粒物的沉降，利用植物净化水体与自然条件下植物发挥净化河水的作用有不同之处，因此必须考虑其中的不足之处。首先大部分水生植物在冬季枯萎死亡，净化能力下降，对此，已有使植物在冬季继续生长的研究报道；其次植物收获后有后续处置的问题，处置不当，会造成二次污染，目前已有经济利用植物净化水体的报道。生物操纵法则是利用水生动物治理水体污染，尤其是富营养化水体。经典生物操纵法的治理对策是：放养食鱼性鱼类控制捕食浮游动物的鱼类，以促进浮游动物种群的增长，然后借助浮游动物遏制藻类，使藻类的叶绿素含量和初级生产力显著降低。

多自然型河流的物理结构：自然型河流的物理结构包括多自然型河道物理结构和生态护岸（河堤）物理结构。多自然型河道物理结构建设的思路是还河流以空间，构造复杂多变的河床、河滩结构；富于变化的河流物理环境利于形成复杂的河流动植物群落，保持河流水生生物多样性。目前，生态护岸常采用石笼护岸、土工材料固土种植基、植被型生态混凝土等几种结构。它们共同的特点是采用有较强结构强度的材料包覆部分或者全部裸露的河堤或者河岸，这些材料通常被做成网状或者格栅状，其间填充可供植物生长的介质，在介质上种植植物，利用材料和植物根系的共同作用固化河堤或者河岸的泥土。生态护岸在达到一定强度河岸防护的基础上，有利于实现河水与河岸的物质交换，有助于实现完整的河流生态系统，减少河流面源污染输入量。

④人工湿地

人工湿地是对天然湿地净化功能的强化，利用基质 - 水生植物 - 微生物复合生态系统进行物理、化学和生物的协同净化，通过过滤、吸附，沉淀、植物吸收和微生物分解实现对营养盐和有机物的去除。采用由砾石、沸石和粉煤灰填料组成的三级人工湿地净化富营养化景观水体，对总氮、总磷、COD5浊度和蓝绿藻的去除效果很好。利用水平潜流人工湿地修复受污染景观水体，湿地系统对有机物、总氮和总磷均有较好的去除作用，去除率随停留时间的延长而提高，温度、填料和植物种类对处理效果也有很大影响。人工湿地占地面积较大，且填料层易堵塞、板结，限制了其在城市景观水体治理中的应用。

（二）滨水景观设计的安全

近年来，城市环境迅猛发展，滨水景观空间一如既往地受到市民喜欢和亲近，而水安全隐患也令人深思。如何在滨水空间中营造既有休闲功能、美观效益，又具备高安全、低隐患的亲水空间环境，是滨水景观设计应重点考虑的问题。现代滨水景观中的亲水景观主要通过以下几种方法来营造：①亲水道路。亲水道路进深较小，有几米或十几米的，也有几百米以及上千米的线形硬质亲水景观。②亲水广场。亲水广场进深与长度都有几十米至上百米，是大面积硬质亲水景观。③亲水平台。亲水平台是一种进深较小，宽度只有几米或十几米，长度也只有几十米的小面积硬质亲水景观。④亲水栈道。这是一种滨水园林线形近水硬质景观，是比亲水道路、亲水广场、亲水平台更加近水的一种亲水景观场所。有时亲水栈道离水面只有十几或二十几厘米，游人可以伸手戏水、玩水。⑤亲水踏步。这也是滨水园林线形亲水硬质景观，采用阶梯式踏步，下到水面，阶梯可宽 0.3 ~ 1.2m，长几十米至上百米，更便于游人安坐钓鱼或休闲戏水。这种亲水踏步比前述各种亲水景观更接近水面，更便于戏水娱乐，更能给人亲水的乐趣，回归自然之情趣。⑥亲水草坪。亲水草坪是滨水园林软质亲水景观。设计缓坡草坪伸到岸边，离水面 0.1 ~ 0.2m，水底在离岸2m处逐渐向外变深，岸边游人可戏水娱乐，伸脚踏水，其乐无穷。岸边可用灌木或自然山石砌筑，既可固岸，又有亲水岸线景观变化。⑦亲水沙滩。亲水沙滩也是一种软质亲水景观，可容纳大量人流进行各种休闲娱乐。它充分利用滨水资源，创建不同于海滨沙滩的独特休闲空间，为内陆游客提供与众不同的体验。⑧亲水驳岸。这是一种线形硬质亲水景观。亲水驳岸的特点是驳岸低临水面，而不是高高在上，其压顶离水只有 0.1 ~ 0.3m，让游人亲水、戏水。驳岸材料不是平直的线条，可以是高低错落的自然石或大小不一的方整石，卵石，自然散置在驳岸线上，与周围环境取得和谐的亲水景观效果。

不论采用哪种方式营造亲水景观，在设计中都要注意亲水的安全性，在这里将常见滨水空间内与人行为安全和心理安全相关的因素列举出来，通过分析各个因素的种类和特点，提出在亲水空间设计中所注意事项及关注的重点，为今后亲水景观空间设计提供参考。

1. 亲水平台设计

现有常见的亲水平台大体分为两种，分别是内嵌式和出挑式。内嵌式距离景观水较远，亲水性差，但是能够保证安全性。出挑式亲水平台亲水性较好，但是安全性较差，尤其是相对较深的水体，对在平台上活动的人群存在安全隐患和心理上的不适感。亲水平台的设计和定位须与场所功能性质相结合，如内嵌式亲水平台适合远望水景，可营造良好的景观观望点；出挑式亲水平台设计可作为亲水、戏水的功能空间，设计中须充分考虑景观水深和水质条件。

在进行设计时，首先应满足项目所在地相应的设计规范，比如《公园设计规范》(GB 51192—2016) 中就明确说明，在近水区域 2.0m 范围内水深大于 0.7m，平台须设栏杆。

有几十平方米的小面积硬质亲水平台，在静水环境可设踏步下到水面，按安全防护要求，一般应设栏杆，在离岸 2m 以内水深大于 0.70m 的情况下，栏杆应高于 1.05m；如果离岸 2m 以内水深小于 0.7m 或实际只有 0.30 ~ 0.50m 深，栏杆可以做成 0.45m 高，可以利用坐凳栏杆造型，既可供休闲娱乐观光，又有一定安全防护功能。如果实际水深只有 0.30m，可不设栏杆。一般各处亲水平台，在动水环境应设高于 1.05m 的栏杆。

2. 驳岸设计

现有常见的驳岸形式大体为草坡入水驳岸、景观置石驳岸亲水台阶式驳岸、退台式驳岸、垂直型驳岸等。

其中草坡入水驳岸、景观置石驳岸实际较为安全，设计多，可结合植物种植营造生态型野趣驳岸。这种驳岸亲水性较好。退台式驳岸整体安全性不够，台地与台地之间也存在安全隐患，设计须结合栏杆和防滑措施。垂直型驳岸空间呆板无趣，并且有一定心理不安的感觉，设计须结合栏杆以保证场地安全性。在垂直驳岸上可以营造立体绿化，增添水岸景观性。

3. 安全设施设计

滨水空间设施从安全性角度上分为栏杆、小品、标识及指示系统等。设施指引着使用者正确、安全的行为方式，承担场地空间的提示与维护的作用，在不同安全系数的滨水空间设置不同特点的设施，以保证使用者的安全。同时在设计中，应充分考虑场地功能和使用人群的特点。

栏杆设计，从视觉效果上分为软质形式和硬质形式。软质栏杆能够保证使用者的亲水性，但是无形中怂恿了戏水者的过度亲水行为，存在安全隐患。硬质栏杆安全系数较高，但是会阻碍市民的亲水行为。栏杆从材质上可分为金属栏杆、木质栏杆、混凝土栏杆、石材栏杆、混合型栏杆等。

在栏杆的设计上主要有以下两个问题，一是栏杆尺寸不当，不符合人体工程学尺寸或未达到当地规范要求；二是栏杆的设置位置不当，并未能与其他景观构件形成良好的结合。从亲水空间管理方面，栏杆维护也是至关重要的，不稳固的栏杆安全隐患非常严重，很容易造成市民落水事故。《公园设计规范》（GB 51192—2016）中规定；侧方高差大于1.0m的台阶，应设护栏设施；凡游人正常活动范围边缘临空高差大于1.0m处，均设护栏设施，其高度应大于1.05m；护栏设施必须坚固耐久且采用不易攀登的构造。

景观小品作为直接与人相接触的设施，其尺寸和材料的确定须考虑人的行为习惯和心理习惯。

滨水空间是市民喜爱的去处，往往在游玩尽兴时，忽略了人身安全，所以空间安全标识系统尤为重要。标识系统包括水深危险警示牌、临时性安全隐患警示牌、防滑警告牌等多种人性关怀的设施，能够保证滨水空间使用者的人身安全。在垂直型驳岸处还可设置小平台或者水下脚踏台等自救设施，以保证不幸落水者能够顺利自救。在滨水空间设计中，还须在合适的位置安排安全的无障碍设施，提高弱势群体的使用安全性。

4.铺装设计

铺装材质的确定关乎使用者的步行安全，尤其是在亲水铺装区，铺装上容易溅上水珠，增大了安全隐患。滨水空间主要选用防滑效果较好的铺装材料。常用的铺装材质分为石材、防腐木、植草、混凝土、沥青、金属、玻璃等。其中防腐木、沥青、植草较为安全。石材铺装须选用荔枝面或毛面材质，禁止选用磨光面石材铺装材料。金属和玻璃铺装材料安全系数较低，在滨水场地设计中应慎用。

为保证安全性，铺装设计中可加入指示性色带或者其他材质的铺装带，以提示游人正确、安全的游憩方向。

5.照明设计

滨水空间的照明不但可以保证游人夜间的安全通行，而且还可以增添滨水空间夜景的魅力。行人在夜间通行时，无充足的灯光照明，有些写在高台边界的警示语无法看见，容易发生意外事故。

照明在形式上分为基础性照明和氛围性照明。色彩心理学显示，冷白色和蓝色灯光具有镇静功效，适合基础性照明。红色和黄色的灯光对人的刺激和提醒作用比较强，适合烘托气氛。设计师在滨水空间景观设计中慎用旋转及闪烁的光源，注意炫光问题，并且在人可触及范围内须使用冷光源。

6. 植物景观设计

植物是滨水空间重要的景观资源，同时在人行为安全方面起着重要的作用。合理的植物设计，不仅可以增添空间的色彩化和多样性，同时还可以保证使用者行为的条理性和安全性。设计可在水边种植绿篱，以形成人与水的隔离。植物还可以结合栏杆、设施共同指引使用者正确的行为方向，以保证使用者的人身安全。

除上述相关因素外，设计时还可以增设安全急救设施、逃生指示牌等，在意外事故发生时，第一时间实施营救或自救。

三、生态安全

这里的生态安全指的是相对于传统的城市河道治理，在采取必要的防洪抗旱措施的同时，将人类对河流环境的干扰降低到最小，与自然共存。即在河道设计中，每一个设计元素都应该为生态恢复创造有利条件，通过人工物化，使治理后的河道能够贴近自然原生态，体现人与自然和谐共处，逐步形成草木丰茂、生物多样、自然野趣、水质改善、物种种群相互依存，并能达到有自我净化、自我修复能力的水利工程。生态化的核心是使河道具有自我净化和自我修复的能力。要想实现这一目标，在设计中要考虑河道的线形设计、断面设计、护岸形式、植物的配置等各方面因素，需要结合生态学、工程学、水力学等多种学科的知识，相互补充，才能形成一套有效的设计方法。一般对河流进行生态设计之后，应该能达到以下目的：①保护和营造滨河地带多样化的生态系统。要以各种形式对自然进行修补和复原，使人与自然和谐相处。②为生物创造富有多样性的环境条件。在治理后使水生植物、水生动物、各种微生物形成一个稳定的系统。③扩大生物生存区域的水面和绿化。④形成优美的河道景观，让河流的形态尽量与自然相接近。⑤复苏真正的河流，构建一条具有本土特色的自然形态河道。

生态流速是指为了达到一定的生态目标，使河道生态系统保持其应有的生态功能，河道内应该保持的最低水流流速。生态目标包括：①水生生物及鱼类对流速的要求，如鱼类洄游的流速、鱼类产卵所需的刺激流速等；②保持河道输沙的不冲不淤流速；③保持河道防止污染的自净流速；④若是入海河流，要保持其一定入海水量的流速等。

四、"ARSH"集成系统

"ARSH"集成系统包括四大类模式：不同区域河流生态治理恢复保护模式、不同河段河流生态治理恢复保护模式、不同规模河流生态治理恢复保护模式、不同健康状况河流生态治理恢复保护模式。不同区域河流生态治理恢复保护模式根据地势地貌、水文情势情况划分为丰水山区、平原河网区、干旱丘陵区三种河流生态治理恢复保护模式；不同河段河流生态治理恢复保护模式根据河段特点划分为源头段、上游段、中游段、下游段、河口段、城镇段、农村段七种河流生态治理恢复保护模式；不同规模河流生态治理恢复保护模式根据河流流域面积划分为大型、中型、小型三种河流生态治理恢复保护模式；不同健康状况河流生态治理恢复保护模式根据河流健康状况划分为健康河流保护模式、亚健康河流保护与修复模式、不健康河流治理与保护模式、病态河流治理与修复模式、理想状态河流保护模式五种河流生态治理恢复保护模式。"ARSH"集成系统共划分了 4 个大类模式、18 个小类模式。

　　针对不同河段河流提出不同的生态治理与恢复模式：源头段以保护为主，其治理模式即为封禁封育；上游段的治理模式为以封育为主，其他小型水利工程随之发挥作用；中游段要注重退耕与封育，并开发建设能源工程；下游段主要是封育与人工补造相结合，并加强对恢复后的河流的管理与保护；河口段以防洪工程为主，控制并管理洪水使其发挥利用价值；城镇段要注重水安全、水景观与水经济三个方面，统筹规划，加强控制，建设生态岸坡，注重景观效果；农村段以生态林、生态地建设为主，同时处理好农业面源污染与生活垃圾污染。针对不同规模河流采取不同的生态治理模式：大型河流采取湿地修复、污染物入河量控制、排污口整治、面源污染控制等措施进行修复；中小型河流以防洪与控制污染源为主，采取修复生态河床与生态河岸等措施对河道进行保护与治理。针对不同健康状况河流，其生态治理模式也不同：理想状况河流主要采取监测评价和管护相结合的治理模式；健康河流主要采取保护与管理相结合的治理模式；亚健康河流主要采取以保护为主、修复为辅的治理模式；不健康河流主要采取完全修复的治理模式；病态河流主要采取生境补水—直接修复—生态系统替代等一系列模式进行治理。

　　河岸绿化带以及滨河建筑物等给人们带来视觉上的美感，通常由河道、河滩和河岸植被三部分组成。河流景观娱乐功能主要表现为亲水功能和空间功能。广义的河流景观其内涵被延伸到河流的自然循环与系统的平衡和健康。河流景观的结构和功能由河流自身的内在特征决定，同时在很大程度上受到外部扰动的影响。对于以观赏和娱乐作为部分功能的河流水体而言，由于河流景观与娱乐环境用水的水质要求并不太高，所以水量经常成为其需要考虑的主要因素。

　　河流的上述功能相互联系、相互影响、相互制约，任何一项功能的衰退都可能导致整个河流系统功能偏离平衡。另外，河流系统作为一个整体必然会通过其系统功能的变化来体现其系统平衡和健康状况，这就需要综合考虑各项功能以及它们之间的协调关系，通过顺应河流在不同阶段自我调整的平衡趋势，实现河流生态系统的自然良性循环。

第三章　河道生态防护与修复技术

第一节　生态河道防护技术

一、污染源控制技术

（一）植被缓冲带优化配置技术

1. 原理与作用

在保证植物群落稳定性的前提下，筛选出适宜的植物种类，以近自然的方式优化植物群落配置，提高河（湖、库）岸植被缓冲带的各项生态服务功能。

2. 应用原则

（1）河岸缓冲带优化配置应遵循因地制宜原则、科学性原则、可操作性原则。
（2）应用过程中优先建设生态环境较为脆弱的区段。

3. 技术主要内容

技术主要内容包括缓冲带植被的选取和分布、缓冲带宽度的确定。
（1）缓冲带植被的选取和分布
①缓冲带植被的选取
缓冲带植被应尽量选取本土植物，结合缓冲带植被群落调查结果，考虑拟构建地段的具体生态条件和要求，正确搭配乔木、灌木以及草木的比例。
②缓冲带植被的分布
植被缓冲带设计为 A 区（湿生植被缓冲区）、B 区（乔木缓冲区）、C 区（草本缓冲区）。进行植物优化配置时，根据"乡土植物为主，乔、灌、草、地被相结合"的原则，利用现有的农业、林业景观，A 区的植物以湿生植物为主，乔木、灌木为辅，主要作用是保持堤岸的稳定性；B 区的植物以乔木、灌木为主，湿生植物为辅，主要功能是拦截表面径流和地下水中部分污染物、过剩的营养物质；C 区以农田作物和草本为主，适当增加景观类型，主要功能是降低径流速度，过滤水中沉淀物及化学物质。

（2）缓冲带宽度的确定

缓冲带宽度是影响其对不同类型河道非点源污染控制效果的最主要因素之一。在缓冲带构建过程中，应结合相应的污染控制和生态系统保护目标，根据区域土壤、地形、植被、排水特征等因素确定河岸植被缓冲带的宽度，一般为 5 ~ 100m。

4. 管理及维护要点

（1）缓冲带植物的选取应以本土植物为主，外来植物品种引进工作应非常慎重，防止引入对本土植物有侵略性的外来物种。

（2）对 A 区和 B 区的湿生植物定期进行合理的植物收割以及杂生植物的移除；对 B 区乔木、灌木定期进行砍伐和立木改良，以满足其快速生长时的物质需求，从而转移养分和污染物质；对 C 区每年进行 2 ~ 3 次草地剪割和剪除，促进植被生长，排除沉积物的积累。

5. 二次污染控制要求

在对缓冲带植物进行定期收割和移除的状况下不存在明显二次污染。

6. 技术特点

本技术应用广泛，在控制河岸侵蚀、截留地表径流泥沙和养分、保护河道水质、调节水温、为水陆动植物提供生境、维护河道生物多样性和生态系统完整性等方面起到重要作用。

（二）前置库技术

1. 原理与作用

在受保护的水体上游，利用天然或人工库塘的蓄水功能，将受到面源污染影响的径流污水截留在水库中，通过物理、生物强力净化作用后，再排入受到保护的流域水体中。主要功能包含净化水质以及蓄浑排清：首先，通过减缓流入天然水体的水流速度，使得径流污水中的泥沙得以沉淀，同时以颗粒状态存在的面源污染物也随着泥沙沉淀；其次，利用前置库区域内的水生态系统，吸收和去除水体及底泥中的污染物。

2. 应用原则

（1）经典前置库处理技术适用于位于河道上的湖库等自然汇水区。

（2）可应用于氮、磷浓度较高的富营养化水体。

（3）本技术在平原河网的应用应结合生态河道形态构建技术、人工浮岛净水技术、生物操纵技术等关键技术。

3. 技术主要内容与工艺流程

前置库处理系统在设计过程中要考虑光照、温度、水力参数、水深、滞水时间、污染负荷大小等因子。系统构成主要包括沉降系统、强化净化系统以及导流系统三部分。

（1）沉降系统

利用湖库自然汇水区，通过适当改造，结合人工湿地原理构建生态河床，种植大型水生植物，建成生物格栅，主要利用物理沉降、吸附作用，以及生物的吸收和微生物降解作用，既对引入处理系统的地表径流中的颗粒物、泥沙等进行拦截，沉淀处理，又去除地表径流中的氮、磷以及其他有机污染物。

（2）强化净化系统

①砾石床过滤

利用微生物及植物根系吸附、吸收、转化，使水体中的有机物、氮和磷等营养物质发生复杂的物理、化学和生物转化，同时砾石床的土壤及砂石通过吸附、截留、过滤、离子交换、络合反应等去除水中的氮、磷等营养成分。

②植物滤床净化

种植具有经济价值的挺水植物，利用其根系吸收营养物质，同时通过拦截水流作用，促进泥沙和其他颗粒物沉降。

③深水强化净化区

利用高效水生生物的净化作用和人工浮岛、固定化脱氮除磷微生物以及高效、易沉藻类等人工强化净化技术，高效去除氮、磷等营养物质。

（3）导流系统

暴雨时防治前置库系统暴溢，初期雨水引入前置库后，后期雨水通过倒流系统流出。管理及维护要点如下：前置库系统对污染物质的去除与系统内生物组成有关，在运行过程中应适当进行生物操作。不同季节控制不同的滞水时间，一般夏季为2d，春、秋季为4～8d，冬季为20d。前置库内必须及时清淤，在取走泥沙的同时又可以清除含高营养盐的表层沉积物质。

4. 二次污染控制要求

为防止二次污染，应对前置库内的功能植被适时适量地进行清理，为便于利用，应尽量选择当地有经济效益的植被，从而提高功能植被回收的可操作性。

5. 技术特点

（1）具有较高的氮、磷去除效率。
（2）因地制宜，占地面积相对较小，投资省，运行成本低。

（三）稳定塘技术

1. 原理与作用

对天然污水池塘经过人工适当修整，设围堤和防渗层，通过水生生态系统的物理和生物作用对污水进行自然处理。

2. 应用原则

稳定塘技术主要适合小型分散村落，可充分利用农村废弃坑洼池塘、河道，就地布置。

3. 工艺流程

污水进入稳定塘后，在塘内缓慢流动及较长时间贮留，污集物通过被植物根系过滤与吸附，好氧与厌氧微生物菌群的分解、植物吸收作用而使污水得到净化。

4. 管理及维护要点

定期对植物进行打捞，底泥 5 ~ 10 年清理一次。

5. 二次污染控制要求

定期进行植物打捞和污泥清理的情况下无明显二次污染。

6. 技术特点

利用废弃的沟洼池塘、废弃的河道，选址简单，施工方便且工程量小。无运行动力费用，维护简单。

（四）截污纳管处理技术

1. 原理与作用

在河流、湖库等周边，沿雨水沟道或主要污染源设置截流井和截流管道等措施将雨（污）水截流到市政污水管网系统中，最终进入污水处理厂进行处理，减少进入水体的污染物，改善水质，保护河道的水环境。

2. 应用原则

截污纳管处理技术主要应用于城市或乡镇河流。

3. 技术主要内容与构建原则

充分调研，现场踏勘，在掌握污染现状和现场情况的基础上整体规划布局。
干管的埋深充分考虑收集的范围和现状排污口的标高，合理设计污水干管的标准。
管道的坡度应充分考虑地形、地貌，顺坡设置，尽量减少管道埋深，降低工程投资。
管道的施工情况应充分考虑对交通、商业及居民生活等的影响，根据管道所处位置地下水位、附近地下和地上建筑物等因素，采用开槽施工、顶管施工等方式。

4. 技术特点

（1）治理效果好

直接截流污水，有效减少直排水体的污染物，改善水质。

（2）工程投资大

截流纳管是一个庞大的系统工程，涉及多个部门，实施过程中工程投资较大。

（五）分散式生活污水处理技术

1. 原理与作用

农村生活污水首先经过均化池对水质、水量进行调节后进入厌氧生物滤池。厌氧生物滤池出水进入生物接触氧化池，利用填料上附着的微生物实现对污染物的去除。

2. 应用原则

本工艺适合可利用空闲地小、处理程度要求较高的小型分散村落，以及农村宾馆、旅游区的生活污水处理。

3. 工艺流程

分散式生活污水处理设备是一种集成化、模块化的高效污水生物处理系统，主要由厌氧生物滤池、接触氧化池构成。

4. 管理及维护要点

厌氧生物滤池需要定期反冲洗和排泥，接触氧化池需要定期排出填料上脱落的生物膜并注意防止填料堵塞。

5. 二次污染控制要求

定期进行污泥清理的情况下无明显二次污染。

6. 技术特点

（1）处理效果好，有机物、氨、氮和总磷的去除率均可达到90%以上。

（2）能耗少、运行费用低。

（3）工艺简单，操作管理方便。

（六）土壤渗滤生态处理技术

1. 原理与作用

当污水以渗滤方式流经土层时，由于土壤所具有的沉淀、过滤作用和物理化学作用，使其中的污染物被截留到土壤中。大部分截留在土壤中的有机污染物在土壤浅表部好氧大环境与厌氧微环境下，通过土壤微生物的氧化、硝化、反硝化以及氧化和还原等一系列作用而被降解去除。同时部分污染物可通过植物吸收法转移去除。

2. 应用原则

土壤渗滤生态处理技术适合资金短缺、土地面积相对大的农村地区。

3. 技术主要内容与工艺流程

土壤渗滤根据污水的投配方式及处理过程的不同，可以分为慢速渗滤系统、快速渗滤系统、地表漫流系统和地下渗滤系统四种类型。

（1）慢速渗滤系统

慢速渗滤系统适用于投放的污水量较少地区，通过蒸发、作物吸收、入渗过程后，流出慢速渗滤场的水量通常为零，即污水完全被系统所净化吸纳。慢速渗滤系统可设计为处理型和利用型两类。处理型以污水处理为主要目的，设计时应尽可能少占地，选用的作物要有较高耐水性，对氮磷吸附降解能力强。利用型以污水资源化利用为目的，对作物没有特别的要求，在土地面积允许的情况下可充分利用污水进行生产活动，以便获取更大的经济效益。

（2）快速渗滤系统

快速渗滤系统适用于具有良好渗滤性能的土壤，如砂土、砾石性砂土等。

（3）地表漫流系统

地表漫流系统适用于土质渗透性的黏土或亚黏土的地区。废水以喷灌法和漫灌（淹灌）法有控制地分布在地面上均匀地漫流，流向坡脚的集水渠，地面上种牧草或其他作物供微生物栖息并防止土壤流失，尾水收集后可回用或排放水体。

（4）地下渗滤系统

地下渗滤系统将污水投配到距地表一定距离，通过有良好渗透性的土层中，利用土毛细管浸润和渗透作用，使污水向四周扩散中经过沉淀、过滤、吸附和生物降解以达到处理要求。地下渗滤系统的处理水量较少，停留时间较长，水质净化效果比较好，且出水的水量和水质都比较稳定，适于污水的深度处理。

4. 管理及维护要点

（1）须定期对格栅进行清渣，对植物进行收割。收割牧草时应注意用轻型收割机或人工进行，防止重物压实填料层。

（2）维护时如检查到土壤表层有浸泡的现象，说明有堵塞现象或水力负荷过大，此时应停止布水，做进一步的检查。

（3）土壤渗滤系统的主要维护工作是布水系统和作物管理，投配的水量要合适，不能出现持续淹没状态。

5. 二次污染控制要求

一般情况下土壤渗滤系统不会造成地下水污染，可能产生的污染主要来自硝态氮的渗滤，因此在工程设计时应将氮的负荷率和去除率作为系统的限制设计参数。此外，出于安全问题的考虑，应尽量在工程施工时少破坏原土层，也可采用高密度聚乙烯树脂薄膜塑料作为防渗材料。

6. 技术特点

优点：处理效果较好，投资费用省，无能耗，运行费用很低，维护管理简便。缺点：污染负荷低，占地面积大，设计不当容易堵塞。

（七）生活垃圾分选与综合利用技术

I. 原理与作用

生活垃圾集中运输到垃圾分选厂首先进行破碎和脱水烘干处理，脱水烘干后的生活垃圾通过垃圾分选机的隔栅选、粒径选、筛选、重力选、磁力选、离心力选、风力选电力选、摩擦及弹性分选等技术将生活垃圾按照后续处理和综合利用要求分选为金属垃圾、可燃垃圾（包括废纸、纺织物、橡胶等）、塑料垃圾、有机质（有机土）和建筑垃圾（石块、玻璃）等类别，然后针对不同类别进行处理，以实现生活垃圾的综合循环利用。

2. 应用原则

生活垃圾分选与综合利用技术广泛适用于河道周边农村生活垃圾的处理。

3. 技术主要内容与工艺流程

生活垃圾分选与综合利用工艺主要包括生活垃圾的收运、破碎、脱水烘干、分选和综合循环利用。

4. 管理及维护要点

（1）为了避免产生渗滤液和臭味，必须及时对生活垃圾进行处理，减轻后续生产工序负担。

（2）定期检查电机、分选机的工作情况。

（3）定期检查机器润滑情况，补充润滑油。

5. 二次污染控制要求

（1）在生活垃圾运输过程采取封闭式垃圾运输车，防止垃圾中较轻的纸张、塑料袋等飞扬。

（2）破碎处理产生的少量污水经化粪池进行净化处理。

（3）脱水烘干车间和分选车间采用除臭装置和节能低噪设备。

（4）可燃垃圾气化车间生产污水经净化处理后循环使用，不排放。

6. 技术特点

占地面积小，投资较低，生活垃圾资源化处理，运行过程中产生经济效益。

（八）畜禽粪便高温堆肥处理技术

1. 原理与作用

堆肥技术是在人为控制的条件下，根据各种堆肥原料的营养成分和堆肥过程中微生物对堆料中碳氮比、颗粒大小、水分含量和 pH 值等的要求，将各种堆肥原料按一定比例混合堆积，在合适的水分及通气条件下，使微生物繁殖并降解有机质，从而产生高温（＞55℃），杀死其中的病原菌及杂草种子，使有机物达到稳定化，其实质是一种生物化学过程。

2. 应用原则

畜禽粪便高温堆肥处理技术主要应用于规模化畜禽养殖粪便的处理，适用于有足够土地面积的环境条件。

3. 技术主要内容与工艺流程

畜禽粪便堆肥通常包括前处理、主发酵（好氧发酵）、二次发酵和贮存等过程。发酵前须与发酵菌剂、秸秆混合，同时调节水分、碳氮比等指标，发酵过程中不断进行翻堆，从而促使其腐熟。

4. 管理及维护要点

（1）有机固体废弃物堆肥处理的最适宜碳氮比为（25～30）：1。由于畜禽粪便的碳氮比一般较低，在进行堆肥前要加入一定量碳氮比较高的调理剂加以调节，如秸秆、稻壳、麦麸、木屑等。

（2）在堆肥开始的 2～3 周内，一般每隔 3～4d 翻堆一次，然后 7d 左右翻堆一次，以保证适当的供氧量。

（3）通过保温或降温将堆体温度控制在 45～65℃，其中以 55～60℃为佳，不宜超过 60℃，发酵温度 45℃以上的时间不少于 14d。保温过程宜建立合适的堆高体积、透气性覆盖层与垫层、合理的通风方式（因为通风有降温作用）来达到要求。降温主要措施有通风、翻堆、补水降温。

（4）保水/补水：（干燥的地区和季节）根据发酵周期各阶段对水分的要求适当添加水分。堆肥堆料的含水量应在 50% ~ 60%。

5. 二次污染控制要求

（1）畜禽粪便堆肥处理场地应分别设置液体和固体废弃物贮存设施，畜禽粪便贮存设施位置必须距离地表水体 400m 以上。

（2）畜禽粪便贮存设施必须进行防渗处理，防止污染地下水。

（3）畜禽粪便贮存设备应采取防雨（水）措施。

（4）应收集和处理所有来自堆肥厂的排水、渗滤液，保护地下水和地表水免受污染。

6. 技术特点

优点：操作简单，成本低，堆制较好的堆肥可施用于各种土壤和作物。缺点：占地面积较大，易产生臭味，影响环境。

（九）发酵床技术

l. 原理与作用

将锯末、谷壳、玉米秸以及少量米糠或麦麸等农副产品作为垫料，利用固体发酵剂对垫料建堆发酵，然后铺进养殖舍形成垫床。畜禽粪尿直接排放在垫料上，能够迅速地被垫料中的有益微生物分解转化，减少畜禽粪便污染；同时，有益微生物菌群能将垫料、粪便合成可供牲畜食用的糖类、蛋白质、有机酸、维生素等营养物质，减少饲料消耗，增强牲畜抗病能力，促进牲畜健康生长。

2. 应用原则

发酵床技术适用于规模化畜禽养殖污染处理。

3. 技术主要内容与工艺流程

（1）菌种的选择
选择有正式批准文号、安全、应用效果好、性价比高的菌种。

（2）垫料的选择
根据当地有机废弃物资源条件选择，宜选用玉米秸秆和食用菌养殖废弃的菌袋等。

（3）垫料发酵
预混合→布料→发酵→出料。

4. 管理及维护要点

（1）垫料通透性管理。一般 5 ~ 7d 翻动垫料一次，保持垫料中的含氧量始终维持在正常水平。

（2）水分调节。为维持垫料粪尿分解能力，应定期向垫料中补充水分，垫料合适的水分含量通常为 40% ~ 50%。

（3）将粪与冲洗鸡舍产生的废水分散布撒在垫料上，并与垫料混合均匀，保持发酵床水分的均匀一致。

（4）补菌。为保持其粪尿持续分解能力，应定期补充发酵剂以维护发酵床正常微生态平衡。

（5）垫料补充与更新。垫料减少量达到 5% ~ 10% 后就要及时补充，补充的新料与发酵床上的垫料混合均匀，并调节好水分。

5. 二次污染控制要求

发酵床养殖产生的废弃垫料须进行无臭发酵处理，处理后可作为有机肥资源化利用。

6. 技术特点

占地面积小，投资省；生产有机肥，实现资源化利用；省水、省料、省劳力。

（十）科学灌溉技术

1. 原理与作用

按照作物需求，通过管道系统与安装在末级管道上的灌水设备，将水和作物生长所需的养分以较小的流量，均匀、准确地直接输送到作物根部附近土壤的一种科学灌水方法。

2. 应用原则

科学灌溉技术广泛适用于全国各地区，根据不同地区实际状况选取不同的灌溉方式。

3. 技术主要内容

按照灌溉方式不同，科学灌溉技术主要有喷灌技术、微灌技术和低压管道灌溉技术。

（1）喷灌技术

喷灌系统由水源、水泵机组、管道系统（干管、支管、竖管）及喷头组成。喷灌系统根据获得压力方式的不同可分为机械加压的机压喷灌系统和利用地形自然落差的自压式喷灌系统。

（2）微灌技术

典型的微灌系统通常由水源工程、首部枢纽、输配水管网和灌水器四部分组成。

①水源

江河、渠道、湖泊、水库、井、泉等均可作为微灌水源。

②首部枢纽

包括水泵、动力机、肥料和化学药品注入设备、过滤设备、控制器、控制阀、进排气阀、压力流量测仪表等。

③输配水管网

输配水管网的作用是将首部枢纽处理过的水按照要求输送分配到每个灌水单元和灌水器。输配水管网包括干管、支管和毛管三级管道。

④灌水器

直接施水的设备。

（3）低压管道灌溉技术

系统由水源（机井）、输水管道、给配水装置（出水口、给水栓）、安全保护设施（安全阀、排气阀）田间灌水设施等部分组成，通过压力管道系统把水输送到田间。

4. 技术特点

（1）节约水资源，灌溉效果好，操作简单，对减少河道面源污染起到一定作用。

（2）工程投资较大，微灌设备易发生堵塞。

（十一）化肥减量化技术

1. 原理与作用

通过合理减少农田养分投入，提高氮、磷养分利用率，从而减少农田面源污染。

2. 技术主要内容

（1）有机无机配合施肥。以农业废弃物，如处理过的秸秆和畜禽粪便、沼液沼渣、菌渣、绿肥等富含一定氮、磷养分的有机物料来替代部分化肥，从而减少化肥施用量。

（2）养分平衡施肥。在作物需肥规律、土壤供肥特性与肥料效应的基础上，统筹考虑了氮、磷、钾三种大量元素及微量元素的供应。

3. 技术特点

从源头上减少化肥的施用量，有效减少农业面源污染。

（十二）船舶污染控制—船舶油改气技术

1. 原理与作用

在现有船用柴油机上加装天然气燃料供给系统，将单一的柴油发动机转化为双燃料发动机。由天然气提供所需主要动力，柴油只用于点燃压缩状态下天然气的引燃燃料和部件润滑剂。

2. 应用原则

船舶污染控制—船舶油改气技术主要应用于河湖、水库较短距离运输的船舶。

3. 技术主要内容与工艺流程

（1）在原有柴油发动机上加装柴油 - 天然气双燃料系统，包括引燃柴油电控子系统、天然气供给子系统、双燃料发动机电子自动控制子系统和监测报警子系统。

（2）中央电控系统接收传感器信号后，限制柴油的供给量并控制喷射到进气道用于驱动发动机的天然气喷射量，一般天然气替代率可达 60% ~ 90%。

4. 管理及维护要点

船舶加气主要通过码头天然气槽车加气的方式进行，在船舶逐步实现油改气过程中要建设加气站。

5. 二次污染控制要求

船舶污染控制—船舶油改气技术对河道不产生二次污染。

6. 技术特点

运行成本低，安全性能高，大大降低了旅游、运输等船舶对河道水环境的污染。

二、水土保持技术

（一）挡土墙

1. 原理与作用

流域内坡地风化严重，碎石崩落、坍塌严重的边脚及边坡，以及流域内有大型弃渣场，挡土墙阻止径流带来的大量泥沙、碎石或弃渣进入河道。

2. 应用原则

挡土墙主要应用于两岸坡地风化严重，有崩塌或有大型弃渣场的河道、湖泊和水库，阻挡泥沙、弃渣流入河道。

3. 技术主要内容

挡土墙设计包括墙背、墙面、墙顶及基础设计，具体设计步骤和要求参见《挡土墙设计规范》。

4. 管理及维护要点

（1）挡土墙的泄水孔应保持畅通。如有堵塞，应及时疏通。

（2）挡土墙表面出现风化剥落时，应将风化表层砸除，喷涂水泥砂浆保护层，防止剥落恶化。

（3）锚杆、锚锭板挡土墙及加筋挡土墙，应做顶面和墙外的防水、排水，经常注意有无变形、倾斜或肋柱、挡土板断裂、损坏。如有损坏，应及时修理、加固或更换。

（4）对暴露的锚头、螺母、垫圈应定期涂刷防锈漆，同时应经常检查锚头螺母有无松动、脱落，如有松动、脱落应及时紧固或补充。

5. 二次污染控制要点

水土保持技术对河道不产生二次污染。

6. 技术特点

工程量小，成本低，具有阻挡泥沙、碎石或弃渣流入河道等作用，免除了泥沙对河道造成的危害。

（二）谷坊

1. 原理与作用

谷坊是山区沟道为防止沟床冲刷及泥沙灾害而修筑的横向拦挡建筑物，是水土流失地区沟道治理的一种重要工程措施。主要用来固定和抬高侵蚀基准面，防止沟床下切，稳定山坡坡脚，减缓沟道纵坡，减轻山洪或小型泥石流灾害。

2. 应用原则

谷坊主要应用于河道、湖泊或水库，沟床比较容易被下切冲刷，径流中挟带大量泥沙的沟道。

3.技术主要内容

谷坊根据使用的建筑材料可以分为土谷坊、石谷坊、插柳谷坊、枝梢谷坊、铅丝石笼谷坊和混凝土谷坊等。谷坊设计的任务为合理选择谷坊类型，确定谷坊高度和间距、断面尺寸及溢水口尺寸等。

4.管理及维护要点

定期对谷坊进行检查和维护，发现问题及时进行处理。

5.二次污染控制要点

本技术对河道不产生二次污染。

6.技术特点

（1）工程量小，投资成本低。

（2）抬高侵蚀基准，防止沟底下切；抬高沟床，稳定山坡坡脚，防止沟岸扩张；减缓沟道纵坡，减小山洪流速，减轻山洪或泥石流危害；拦蓄泥沙，使沟底逐渐台阶化，为利用沟道土地发展生产创造条件。

（三）拦沙坝

1.原理及作用

拦沙坝是以拦蓄山洪泥石流沟道（荒溪）中固体物质为主要目的，防止河道泥沙灾害的沟道治理工程措施。拦沙坝多建在主沟或较大的支沟内的泥石流形成区，主要拦蓄泥沙（包括块石），免除泥沙对河道的危害。拦沙坝可以提高侵蚀基准面，减缓坝上游淤积段的河床比降，大大减小水流的侵蚀能力；促使滑坡稳定，减小泥石流的冲刷和反击力。

2.应用原则

拦沙坝主要应用于河道、湖泊或水库，流域主沟或支沟内容易发生泥石流灾害或径流中含砂石量较大的沟道治理。

3.主要技术内容

拦沙坝断面设计的任务：确定既符合经济要求又保证安全的断面尺寸。内容包括断面轮廓尺寸的拟定、坝的稳定设计和应力计算、溢流口计算、坝下冲刷 深度估算等。

4.管理及维护要点

（1）在坝顶、坝坡、平台上不得大量堆放物料。在坝体上或上、下游影响工程安全的范围内，不得任意挖坑、建鱼池、打井或进行其他有害于工程的活动。

（2）维护坝顶、坝坡的完整；保护各种观测设施的完好，排水沟要经常清淤，保持畅通；维护坝体滤水设施的正常使用。

（3）对于坝体出现裂缝的情况，可以根据实际情况，对导致裂缝的原因进行具体分析，然后采取不同的措施。

5. 二次污染控制要点

本技术对河道不产生二次污染。

6. 技术特点

（1）拦蓄山洪或泥石流中的泥沙，减轻对下游的危害。抬高坝址处的侵蚀基准，减缓坝上游沟床坡降，加宽沟底，减小水深、流速及其冲刷力。坝上游拦蓄的泥沙掩埋滑坡的剪出口，使滑坡体趋于稳定。

（2）库容增大则工程量增大，施工期限加长。

（3）过坝山洪的消能设备造价随坝高增加而增加。

（四）淤地坝

1. 原理及作用

淤地坝是在水土流失区域拦蓄泥沙、淤地而横向布置在沟道中的坝，是我国黄土地区沟道治理的重要措施。淤地坝能够抬高侵蚀基点，稳定沟坡，减少水土流失；拦泥淤地，拦蓄洪水，促进农林业生产。

2. 应用原则

淤地坝主要应用于黄土区水土流失严重的河道或湖泊、库塘，流域内入河、入湖或入库泥沙量较大的泥沙防治。

3. 主要技术内容

淤地坝的设计包括淤地坝工程规划，淤地坝高的确定、溢洪道设计。

4. 管理及维护要点

（1）对坝面外坡进行植被覆盖防护，坝肩两侧山坡修排水沟，避免雨水冲刷坝坡。

（2）在建筑物及其附近 30m 内不得挖土取石。

（3）每年汛前汛后、解冻以后和大雨过后，对上坝、溢洪道、泄水洞进行全面检查。

（4）坝地淤成后，要及时开挖排洪渠，修建道路。

（5）在骨干坝的拦泥库容接近淤满时，要及时加高或另选址修坝。

5. 二次污染控制要点

本技术对河道不产生二次污染。

6. 技术特点

（1）淤地坝具有滞洪、拦泥、淤地、蓄水、建设农田、发展农业生产、减轻黄河泥沙等优点。

（2）淤地坝由坝体、泄水洞和溢洪道三部分组成，实施过程工程量大、投资成本高。

（五）三维植物网护坡

1. 原理与作用

三维植物网表面有波浪起伏的网包，对覆盖于网上的客土、草种有良好的固定作用，可减少雨水的冲蚀。网包层的存在，缓冲了雨滴的冲击能量，削弱了雨滴的溅蚀。网包层的起伏不平，使风、水流等在网表面产生无数的小涡流，减缓了风蚀及水流引起的冲蚀。三维植物网对回填的客土也有加筋作用，且随着植草根系的生长与三维植物网形成网络覆盖层，增加边坡表层的抗冲蚀能力。

2. 应用原则

主要应用于河道或水库两岸，铺草护坡易遭受强降雨或常年坡面径流形成冲沟，引起边坡浅层失稳等岸坡治理。

3. 技术主要内容

施工步骤如下：
（1）准备工作：平整坡面，客土改良，开挖沟槽，设置排水设施。
（2）铺网：三维植物网的剪裁长度比坡面长130cm，顺坡铺设；用U形钉或塑料钉，也可用钢钉对三维植物网进行固定。
（3）覆土：以肥沃土壤为主，保证覆土填满网包，分层多次填土。
（4）播种：选择具有优良抗逆性的草种，采用两种以上草种混播，可以人工撒播或液压喷播；加盖无纺布或秸秆织席覆盖，保证草种顺利发芽。
（5）养护管理：用高压喷雾器使养护水均匀地湿润坡面，控制好喷头和坡面的距离及移动速度，一般养护时间不少于45d；第二年雨季前及时补种。

4. 管理及维护要点

（1）用高压喷雾器使养护水成雾状均匀地湿润坡面，注意控制好喷头与坡面的距离和移动速度，保证无高压喷射流水冲击坡面形成径流。

（2）定期喷广谱发药剂，及时预防病虫害的发生。

（3）草种发芽后，应及时对稀疏无草区进行补播。

5.二次污染控制要点

本技术对河道不产生二次污染。

6.技术特点

通过植物的生长活动达到根系加筋、茎叶防冲蚀的目的，经过生态护坡技术处理，可在坡面形成茂密的植被覆盖，在表土层形成盘根错节的根系，有效抑制暴雨径流对边坡的侵蚀，增加土体的抗剪强度，减小孔隙水压力和土体自重力，从而大幅度提高边坡的稳定性和抗冲刷能力。

（六）水土保持林

1.原理与作用

水土保持林是以调节地表径流，控制沟道侵蚀，恢复植被，固持土壤，减少水土流失，保障和改善沟壑、河川的水土条件为目的，控制坡面径流泥沙和沟头、沟底侵蚀，防止坡面侵蚀，稳定坡面，减缓沟底纵坡，抬高侵蚀基点，阻止侵蚀沟进一步扩张，为整个流域恢复林草植被奠定基础。

2.应用原则

水土保持林主要应用于两岸坡地基本无林、流域内侵蚀沟纵向(沟底下切)发展活跃、石质山地沟道切析度大，地形陡峻，易形成山洪、泥石流，水土流失严重的河道或湖泊、库塘。通过水土保持林建设，大面积地恢复和营造林草植被，分散调节地表径流，固持土壤，减少进入河道的泥沙。

3.技术主要内容

水土保持林工程有坡面水土保持林工程、土质侵蚀沟道水土保持林工程、石质侵蚀沟道水土保持林工程等。

4.管理及维护要点

（1）定期进行松土除草，改善土壤性质，提高幼苗成活率。

（2）加强管理，找出幼林的生长发育规律及环境要求，做到因地制宜。

（3）封山育林，以封禁和人工辅助方式来促进其生长成林。

5. 二次污染控制要点

本技术对河道不产生二次污染。

6. 技术特点

（1）调节地表径流，固持土壤，改善局部小气候。

（2）结合河道防侵蚀需求，进行林业利用，获得林业收益的同时保障河道生产持续、高效利用。

（七）库岸、河岸带防护林

l. 原理与作用

池塘水库、湖泊以及河道防护林包括上游集水区的水源涵养林、水土保持林、沿岸的库岸、河岸防护林，重点防护由疏松母质组成和具有一定坡度（30°以下）的岸边防护，通过在洪水期可能短期浸水的河滩外缘（或全部）栽植乔灌木，达到缓流挂淤、保护河滩、巩固陡岸的目的。

2. 应用原则

库岸、河岸带防护林主要应用于湖泊、库塘或河道水位变动区域的防护林建设，保护水位变动处库岸或河岸，固持土壤，保护河道。

3. 技术主要内容

（1）库岸带防护林

①库岸防护林的起点

确定护岸林的起点的原则：如高水位出现频率较少、持续时间较短不至于影响到耐水湿乔灌木树种正常生长时，沿岸防护林应以常水位的正常壅水位最初的边岸线作为起点；水库沿岸防护林带的设计起点可以由正常水平线或略低于此线的地方开始。

②库岸防护林的宽度

塘库沿岸的防护林带的宽度应根据水库大小、土壤侵蚀状况及沿岸受冲淘的程度而定。

③库岸防护林结构

库岸防护林基本上由防浪灌木林和兼起拦截上坡固体径流与防风作用的林带所组成。在库岸防护林带以下，可以种植一些水生植物。在靠近林带的区域种植挺水植物，以下区域种植沉水植物。在常水位以上至高水位，采用乔灌木混交型。在高水位以上，应采用较耐干旱的树种。

（2）河岸带防护林的配置

平缓河岸的防护林设置可根据河川的侵蚀程度及土地利用情况来确定。如果是侵蚀和崩塌不太严重的平缓岸坡，洪水时期岸坡浸水幅度不太大时，紧靠灌木带，应用耐水湿的杨、柳类等应营造宽 20 ~ 30m 以上的乔木护岸林带。如果岸坡侵蚀和崩塌严重，造林要和保护性水利工程措施结合。靠近崩塌严重的内侧栽植 3 ~ 5 行灌木，河岸上部比较平坦的地方，沿河岸采用速生和深根性的树种，营造宽 20 ~ 30m 的林带。

陡峭河岸的河水顶冲地段，侧蚀冲淘严重，常易倒塌。防护林应配置在陡岸岸边及近岸滩地上，在 3 ~ 4m 以下的陆岸造林可直接从岸边开始造林；在 3 ~ 4m 以上的陡岸造林，应在岸边留出一定距离。采用乔灌木混交方式。

深切天然河槽护岸林，沿岸布设防护带，树种多选择杉木、马尾松、灌木柳等。

4. 管理及维护要点

（1）适地种树，合理整地，适当密植，合理混交。
（2）林木得到适当的营养空间，促进林木生长。

5. 二次污染控制要点

本技术对河道不产生二次污染。

6. 技术特点

防止波浪对岸边的冲淘、减少水源蒸发、阻止岸边周围泥沙进入水库和河流，保护水位变动处河岸，固持岸堤，保护河道，美化环境。

三、生物多样性就地保护技术

（一）原理与作用

根据河道水质、底质及水文特征，结合河道本土动植物自然分布特点和对生境要求，确定动植物多样性就地保护区域。

根据受保护动植物生态环境需求，改善保护区域内生态环境，并采取必要措施，促进动植物生长、繁衍，以保持河道原有动植物丰度及多样性。

（二）应用原则

生物多样性就地保护技术适用于有生物多样性丧失危险　的河道及新建水库等。

（三）技术主要内容及流程

该技术的核心内容是把包含保护对象在内的一定面积的河道（包括陆地和水体）划分出来，进行保护和管理。就地保护的对象主要包括有代表性的自然生态系统和珍稀濒危动植物的天然集中分布区等。再根据保护对象的生态需求，结合河道水质、底质及水文特征，在保护区域内改善生态环境并辅以一定措施，促进保护对象生长与繁衍，维持动植物多样性指数不降低。

1. 保护区域和保护对象

一般将河道本土动植物列为保护对象，并重点保护珍稀、濒危种类。

就地保护主要建立自然保护区域，通过自然保护区域的建设和有效管理，从而使生物多样性得到切实保护。在进行自然保护区规划与设计时，首先要确定保护区域的面积。对以物种为保护对象的保护区域来说，其面积应能满足一个最小存活种群（minimum viablepopulation, MVP）的需要。自然保护区域的形状以圆形设计为佳，这样可减少保护区物种扩散的距离。如果保护区域太长，区域内局部发生干扰，物种从中心向边缘扩散效率很低，会形成局部物种灭绝。在就地保护时，应注意：①保护环境的完整性；②保护珍稀濒危物种种群的完整性；③研究珍稀濒危物种的可持续利用；④通过科普教育提高公众保护珍稀濒危物种的自觉性。

规划动植物多样性保护区域时，应根据动植物生态需求，结合河道水质、底质及水文特征，并重点考虑河道本土动植物自然分布区域。可将以下区域划定为生物多样性保护功能区：植被覆盖区域；水鸟、两栖和爬行动物类比较丰富的区域；水鸟、两栖/爬行动物、小型哺乳动物栖息地；鱼类主要栖息地、繁殖场、索饵场、越冬场、洄游通道等；湖滨生境复杂的区域也可以单独划定，如河口湿地区、特殊湖湾区。对于水位变幅小的河道，陆生乔木保护区应规划在最高水位线以上，湿生乔木和挺水植物保护区应规划在常水位1m水深以内的区域，浮叶植物保护区应规划在常水位0~2m水深的区域，沉水植物保护区应规划在常水位0.5~3m水深的区域。对于水位变幅大的河道，植被保护区规划应充分参考本土植被的历史状况及现状的季节性变化，并以湿生草本植物保护为主。

2. 保护与运行

主要内容如下：

（1）减少和控制有毒有害水体及污染物质进入河道，维护河道底质和地貌稳定，改善河道水质状况。

（2）在保护区内实施生态环境修复与改善措施、敌害生物的防范隔离措施、外来物种监控与阻隔措施、产卵场等重要栖息地保护措施、保护区运行管理等综合措施与办法，促进动植物生长与繁衍。

（3）针对经济动植物，应控制捕捞、采伐强度，严禁过度捕捞和采伐；规定禁渔区和禁渔期。

（4）对于重要栖息地缺失或稀少的种类，可适当采用生物调控措施，如水生植被恢复技术、人工投放螺蚌类等措施、人工放流蟹苗措施、鱼类增殖放流措施等，以维护动植物多样性和数量。

（四）管理及维护要点

须根据动植物生长、繁殖、越冬等对水位、流量、温度等的要求进行水量和流速调节。

须保持一定的透明度，维护河道水质、底质和地貌等稳定。

须定期监测水质、动植物数量和多样性，并根据动植物数量变动及时调整采伐、捕捞强度，必要时应进行人工干预，采取必要的增殖、放流措施进行数量补充。

（五）二次污染控制要求

植物体大量集中死亡可能造成水体二次污染。应在植物大量死亡之前采取人工打捞、生物控制等措施减少现存量，防止植物体大量同步死亡造成水体二次污染。

动物对水体一般不存在二次污染风险，但突发性水质污染事件或突发性缺氧等可能导致鱼类等水生动物大量集中死亡，从而造成水体二次污染。因此，防范水质突变至关重要。

（六）技术特点

就地保护是生物多样性保护最为有力和最为高效的保护方法。就地保护不仅保护了所在生境中的物种个体、种群或群落，而且还维持了所在区域生态系统中能量和物质运动的过程，保证了物种的正常发育与进化过程以及物种与其环境间的生态学过程，并保护了物种在原生环境下的生存能力和种内遗传变异度。因此，就地保护在生态系统、物种和遗传多样性三个水平都是最充分、最有效的保护，它是保护生物多样性最根本的途径。

1. 投资成本低

该技术以河道动植物自然保护和增殖为主，不需要花费过多的人力、物力和财力重建动植物多样性；必要时须采取人工增殖放流、人工设置鱼巢等增殖措施，故需要一定的资本投入。但可通过经济鱼类等经济动植物收获方式，在移出河道氮、磷等富营养化物质的同时，实现可观的经济利润。因此，生态、经济及社会效率显著。

2. 运行成本低

本技术系统运行及维护不需要专门的电力及专用设备投入，因此运行成本低。

第二节　河道生态治理与修复技术

一、常用水污染治理技术

（一）生态氧化沟（渠）技术

I. 原理与作用

生态氧化沟（渠）技术是指污染水体经过生态氧化沟（渠）介质的过滤、吸附以及微生物的生物功能实现污染物的去除。在好氧环境中，通过好氧微生物的降解、硝化反应等作用去除污染物；在厌氧或缺氧环境中，通过厌氧微生物的降解、反硝化等作用去除污染物。

2. 应用原则

本技术属生物处理技术，适用于氮、磷引起的富营养化水体的处理。该技术反应较慢，在单位时间内，处理能力取决于流经生态氧化沟（渠）的污染水体的流量及负荷，因此前期需要做好技术条件测试和环境条件的培养。

本技术占地面积较大，适用于有足够空间的环境条件。

3. 技术主要内容及工艺流程

该技术主要由沉降或过滤等预处理单元、厌氧滤床及氧化沟（渠）组成，其中厌氧滤床和氧化沟（渠）是该技术的核心单元；根据出水水质要求，可以构建两个或多个单元，以提高出水水质。

在处理系统中，污染水体先后经过预处理单元、厌氧滤床和生态氧化沟，首先沉淀及去除杂质，随后在系统中发生反硝化作用和厌氧微生物降解作用，以及硝化作用，污水中的有机物和氮被去除，水体排出技术系统。

4. 系统运行管理要点

本技术系统基本上不需要复杂的机电设备及控制系统，各种曝气、搅拌装置和泵设备的维修比较简单。日常的运行与维护不需要复杂的专业知识和技术。

5. 二次污染控制要求

水体排放基本不会造成下游水体的二次污染。

系统长期运行后，滤料可能饱和，须更换滤料以控制二次污染可能。

6. 技术系统特点

（1）具有较好的污水净化性能

该方法通常通过多个单元最佳工艺组合，对出水水体污染物可达到较好的去除效果，BOD、氮和磷去除效果明显。

（2）节约能耗及成本

该技术系统中多采用当地土壤、砂砾、塑料载体（可用石子代替）等材料，因此建设费用较低。此外，通过地形高程设计可达到水体在技术系统中自流，实现低能耗运行，运行成本较低。因而，该技术可广泛应用于经济相对不发达、土地面积相对较大的地区。

（3）环境友好

该系统基本利用自然的材料构建技术系统，基本无须投加化学试剂，基本不会给环境带来额外负荷，系统环境友好。

（二）人工增氧技术

1. 原理与作用

人工增氧技术是人为向水体输送氧气，增加水体含氧量，达到去除水体中污染物的一种技术。人工增氧方式较多，如曝气装置、射流装置等，通过人工增氧抑制或破坏厌氧环境，形成好氧环境，达到去除污染物的效果。

2. 应用原则

本技术属物理技术方法，适用于氮、磷富集的厌氧环境水体，一般应用于治理富营养化的湖泊、小型塘库和城市河道黑臭水体。

本技术装置需要电力驱动，适用于城市景观水域等环境地区。

3. 构建原则

安全性原则，应避开水域通道以免外力撞击。协调性原则，整体设计要与周围环境协调。单元设计便捷性，宜于后期维护和管理。

4. 管理及维护要点

本技术系统基本上不需要复杂的控制系统，各种充氧设备的维修比较简单。日常的运行与维护不需要复杂的专业知识和技术。

5. 二次污染控制要求

本技术基本不存在二次污染。

6. 技术系统特点

该技术对氮、磷营养盐有较好的去除效果，同时能有效提高透明度。系统构建和维护比较方便。可以在较短时间内补充氧气，对治理城市河道黑臭水体效果明显。

（三）贫营养生物吸着技术

1. 原理与作用

贫营养生物吸着技术（DBS）是一种污水深度处理方法。它将有机物的吸附理论引入同步生物脱氮除磷过程中，将自养生物和异养生物的循环区分开来，从而得到一个后脱氮工艺。该技术能在较短时间内利用有机体的吸附、后脱氮、过量吸收磷的功能，有效去除有机物和氮、磷。

2. 应用原则

本技术属生物工程处理技术，适用于由氮、磷引起的富营养化水体的处理。本技术需动力和设备控制，工艺相对复杂，适用于方便电力驱动的环境地区。

3. 技术主要内容及工艺流程

本技术主要由吸着池、硝化池、释磷池、反硝化池、吸磷池和沉淀池组成。本技术将自养型微生物送入处于好氧状态的硝化池和硝化沉淀池，维持较长时间较低碳氮比，来诱导硝化反应的发生。从终沉池回流污泥，可利用异养生物进行生物吸附作用，在吸附沉淀池，固液被分离送入厌氧池进行释磷，并进行反硝化作用，好氧池进行吸磷，在较短的时间达到去除有机物和氮、磷的目的。

4. 管理及维护要点

本技术属于物理生物复合处理技术，管理和维护需要专业技术人员。

贫营养生物吸着技术（DBS）系统的吸附池，反硝化池、吸磷池和释磷池使用同样的污泥，反硝化池的优势菌种生长速度快，一般需要 $1.5 \sim 2.5h$。

DBS 系统的吸附池、反硝化池、吸磷池和释磷池使用同样的污泥，反硝化池的优势菌种生长速度快，一般需要 $1.5 \sim 2.5h$。

溶解态的磷通过聚磷菌对磷的过量吸收而去除，吸磷池的停留时间为 $0.5 \sim 1.0h$。

5. 二次污染控制要求

在最终出水口进行水质监测，不达标水体须重新循环净化。沉积下来的底泥可用于释磷池作为反硝化作用的碳源。

6. 技术系统特点

在较短的停留时间内，利用有机体的吸附、后脱氮、过量吸收磷功能，有效地去除有机物和氮、磷。

在这个工艺中，每个池子根据其含氧量和污泥循环系统的不同有其独立的功能。

（四）人工浮岛净水技术

1. 原理与作用

人工浮岛是一种可为多种野生生物提供生境的漂浮结构，由浮岛平台、植物和固定系统三部分组成，依靠浮岛上的植物作用改善生态环境，主要有如下四方面的作用：

浮岛上的植物可为水生生物和两栖类等生物提供生境，在一定程度上可恢复水生生物多样性。

浮岛植物根系有利于微生物的生长，吸收氮、磷营养物质，可起到净化水质的作用。

通过浮岛植物根系的消浪作用稳定湖滨带，起到消浪护岸的作用。

浮岛植物可人工营造景观，改善景观环境。

2. 应用原则

本技术适用于大水位波动及陡岸深水环境的水域，可应用于水流急、高浊度、富营养化的水域，有景观功能需求的水域。

3. 设计构建原则

稳定性原则，应避免强风浪和浮岛各单元之间的撞击。

持久性原则，平台和固定系统应选材适宜，持久耐用，植物选择合理有效。

景观协调性原则，植物选择和整体设计要与周围环境协调。

单元设计便捷性，宜于后期维护和管理。

4. 运行控制与管理要点

随时检查和修复浮岛单元的稳固性和安全性，及时修复毁损部分。定期维护植物，保证植物的成活率，去除有害入侵物种。定期进行水质监测。

5. 二次污染控制要求

及时清理枯死植物，以防植物腐烂造成二次污染。及时清理有害入侵物种，以防造成二次污染。

6. 技术特点

本技术对营养盐有较好的去除效果，同时能有效提高透明度。系统构建和维护比较方便，可以在较短时间内形成景观。

（五）生物膜技术

1. 原理与作用

当前，国内用于河流净化的生物膜技术主要有弹性立体填料—微孔曝气富氧生物接触氧化法、生物活性炭填充柱净化法、悬浮填料移动床、强化生物接触氧化等技术。该技术的核心是通过微生物的生长代谢将污水中的有机物作为营养物质，使污染程度得到降解。

2. 应用原则

适用于河道高 BOD、COD 水域水质净化，适用于重金属污染水体水质净化。

3. 技术系统构建原则

河道水体要有充足的溶解氧（可以结合曝气复氧技术）、供异养菌及硝化菌等微生物生长。

水体混合要较充分，以持续不断地提供生物所需的基质（有机物），曝气复氧既可以提升溶解氧水平，也可推动水流，使污染物与膜上微生物充分结合。

水体对生物膜要有适当的冲刷强度，不宜过大或者过小，既利于微生物在生物填料表面的挂膜，又可保证生物膜不断更新以保持其生物活性。

培养降解效率高的土著菌种时，可在河道创建适宜的环境，并进行诱导、激活、培养，使之成为优势菌种，有效提高降解效率。

4. 运行与维护管理

适时监测水体溶解氧等理化指标；适时监测水体生物活性等生物指标；适时监测水质净化效果。

5. 二次污染控制要求

生物填料饱和或失效要及时更换，以免引起二次污染。

6. 技术特点

生物膜技术的优点在于对水量、水质的变化有较强的适应性；固体介质有利于微生物形成稳定的生态体系，处理效率高；对河道影响小。

生物膜技术的缺点是填料表面积小，BOD 容积负荷小；附着于固体表面的微生物量较难控制，操作伸缩性差。

（六）人工湿地技术

l. 原理与作用

人工湿地是指在人工构建的沟渠底部铺设防渗层，内部充填基质层并种植水生植物，利用基质、植物和微生物的物理、化学和生物协同作用使水体得到净化的技术。工程中一般修建在河道周边，利用地势高低或机械动力将部分河水引入人工湿地，污水经湿地净化后，再次回到原水体。

2. 应用原则

本技术属物理、化学和生物工程综合处理技术，对氮、磷污染严重的水体效果好。该技术反应较慢，在单位时间内，处理能力常滞后于污水的流量及负荷，因此前期需要做好技术条件测试和环境条件的培养。

本技术占地面积较大，适用于有足够土地面积的环境条件。

3. 技术系统构建原则

工艺设计应综合考虑处理水量、进水水质、占地面积、投资和运行成本、排放标准要求、当地气候等条件。

场地选择应符合当地总体发展规划和环保规划要求，综合考虑土地利用现状、再生水回用等因素。同时考虑自然背景条件，包括地形、气象、水文以及动植物等生态因素，并应尽可能充分利用原有地形，排水畅通，降低能耗。

选择植物要优先考虑净化能力强的当地物种，最好是本地原有植物；植物根系发达，生物量大；抗病虫害能力强；所选的植物最好有广泛用途或经济价值高；易管理，综合利用价值高。

在填料选择的过程中，充分利用当地的自然资源，选择廉价易得的多级填料，常见的有砾石和废弃矿渣等。为解决堵塞问题，湿地基质一般采取分层装填，进水端设置滤料层拦截悬浮物。

4. 运行与维护管理

为了防止冬季湿地内植物释放已经吸收了的污染物，可以通过在植物枯萎之前对其地上部分进行收割的方法来降低冬季湿地出水污染物含量。

5. 二次污染控制要求

人工湿地系统应定期清淤排泥，产生的污泥应符合污染排放标准。

应设置除臭装置处理预处理设施产生的恶臭气体，恶臭气体排放浓度符合相关规定。

6. 技术特点

本技术的优点是投资费用低，建设、运行成本低；处理过程能耗低；污水处理系统的组合具有多样性和针对性，减少或减缓外界因素对处理效果的影响；可以和城市景观建设紧密结合，起到美化环境的作用，改善相邻地区的景观。缺点是受气候条件限制较大；设计、运行参数不精确；占地面积相对较大；容易产生淤积、饱和现象；对恶劣气候抵御能力弱；净化能力受作物生长成熟程度的影响较大。

二、吸附处理法

吸附法一般用于污染物浓度低、流量适当的情况。常用的吸附剂为活性炭，还有使用沸石和合成高分子聚合物为吸附剂。因为活性炭、沸石和高分子聚合物孔径各异，比表面积大小不一，而且污染物的类型不一样，材料的吸附性能也不相同。所有这些因素决定着吸附剂可吸附的污染物的量。选择恰当的吸附剂材料是吸附污染物的前提，气流相对湿度对某些吸附剂的吸附功能也会产生影响。

吸附法由于具有多样性、高效、易于处理，可重复利用，而且可能实现低成本而最受重视。活性炭是现在用得最广泛的吸附剂，主要用来吸附有机物，也可以用来吸附重金属，但是价格比较昂贵。磁性海藻酸盐不仅可以吸附有机砷，还可以用来吸附重金属。壳聚糖作为一种生物吸附剂，可以在不同的环境中分别吸附重金属阳离子和有害阴离子。骨碳、铝盐、铁盐以及稀土类吸附剂都是有害阴离子的有效吸附剂。稻壳、改性淀粉、羊毛、改性膨润土等都可以用来吸附重金属阳离子。随着水质的日益复杂和科技的进步，水处理用的吸附剂不仅要求高效，还要廉价，而纤维素作为世界上最丰富的可再生聚合物资源，非常廉价，可以成为理想的吸附剂基体材料。

（一）纤维素的来源

纤维素是植物中最重要的骨架成分，主要来源于棉花、木材、亚麻、秸秆等植物，是世界上最丰富的可再生资源，据不完全统计，全球每年通过光合作用产生的纤维素高达 1000 亿吨以上。几千年来，纤维素只被用来做能源、建材以及衣物，作为一种化学原材料，它的研究历史只有 150 年。纤维素的分子链结构式是由 β - D - 葡萄糖基通过 1-4 苷键重复连接起来的线性聚合物，具有亲水性、手性、生物降解性等特征。纤维素的每个葡萄糖环含有三个活泼羟基，可以发生一系列与羟基有关的化学反应，因而被广泛地化学改性。纤维素的常见改性方法有：氧化反应、酯化反应、醚化反应、卤化反应、自由基接枝共聚反应。

（二）改性纤维素在水处理中的应用

根据水中污染物的种类，可以选择不同的方法在纤维素上修饰不同的基团，进行水中污染物的吸附。

1.吸附重金属阳离子

羧基、磺酸基、磷酸基、伯氨基等基团可以吸附带正电的重金属阳离子，因此在纤维素上修饰这些阴离子基团就可以用来去除水中过量的重金属阳离子。这是改性纤维素在水处理吸附剂上用得最多的一个方面。

2.吸附有害阴离子

改性纤维素吸附阴离子的例子并不多。由于一些无机金属盐可以吸附有害阴离子，所以可以将一些金属盐修饰于纤维素上，用于砷、氟等的去除。

3.吸附有机物

未经修饰的天然纤维素就可以吸附某些有机染料，如 Fatih Deniz 利用新鲜树叶制得的干粉末作为一种廉价的吸附剂来吸附有机染料酸性橙 52，吸附能力可达 10.5mg/g。改性后的纤维素将吸附更多种类的有机物。

用天然纤维素这种价廉物丰的基体材料来制备水处理用吸附剂，不仅能实现降低成本的目标，而且可以实现废物利用。再加上原材料绿色无污染，可以进行多种改性来去除水中多种无机和有机污染物，因此，纤维素基吸附剂在废水处理中一定具有广阔的应用前景。

（三）活性炭吸附系统

活性炭（GAC）是较广泛、常用的吸附剂，它具有发达的孔隙结构，孔径分布范围较广，能吸附分子大小不同的物质，而且具有大量微孔、比表面积大、吸附力强等特点，经常被用于净化机动车排放的有机污染物尾气。活性炭也有自身的缺点，不耐高温容易燃烧，而且在湿润的条件下吸附效果明显降低，所以在一些特殊场合要选择其他的吸附剂。

活性炭吸附法一般是使 SVE 尾气通过装有活性炭的填充床或者管路，由于活性炭吸附剂通常具有较大的比表面积，从而有利于尾气中的有机化合物分子的附着，此吸附属于物理吸附，且吸附过程可逆。吸附剂系统有固定床、移动床和流化床。在固定床系统中，吸附剂安装在方形或圆形的容器内，VOC 尾气垂直向下或水平横穿过容器；在移动床系统中，吸附剂负载在两个同轴转动的圆柱之间，而且 VOC 尾气从两个圆柱间流过。随着圆柱转动，一部分吸附剂再生，而其余的吸附剂继续去除尾气中的污染物；在流化床系统中，VOC 尾气向上流动，穿过吸附容器。当吸附剂达到饱和后，就在容器中慢慢下移到储料仓，然后通过再生室，最后再生的吸附剂返回容器中被重新使用。活性炭再生处理工艺，通常可以向吸附污染物的活性炭中加热或加入水蒸气，或者降低压力，使得吸附在活性炭上的有机化合物分子脱附带出设备。

活性炭可用于大多数 VOC 的吸附处理，不适用于极性较高的物质，如醇类、氯乙烯等，也不适用于相对分子质量较小的物质，如甲烷之类，以及蒸气压较高的物质，如甲基叔丁基醚（MTBE）、二氯甲烷等。但 GAC 系统对于清除非极性有机物比使用沸石或高分子聚合系统处理效果更佳。其一般为一个到多个装有活性炭的容器并联或串联组成，活性炭一般吸附其自身质量 10% ~ 20% 的污染物，当尾气相对湿度超过 50% 时，由于吸附水的缘故，吸附能力会有所下降。当活性炭吸附接近饱和后，需要更换。更换下的活性炭有的被当作危险废物处置，有的通过高温或者蒸气进行再生。总体而言，活性炭吸附是一种经济的方式，但当尾气浓度较高时，更换活性炭的频率较快，费用较高。此外，由于物质吸附时会放热，处理温度较高的尾气容易有燃烧的危险，使用时需要注意。活性炭处理 VOC 尾气需要注意，尾气的温度不宜过高，当尾气温度高于 37.8℃时，吸附能力明显减弱，因此，活性炭吸附系统一般不与热处理系统联用。活性炭吸附法与冷凝法、吸收法、微生物处理法等一起使用。这些处理法联合使用，利用各自的优势，可以处理浓度范围较广和污染物种类较多的物系。

活性炭系统设计时主要确定 GAC 的型号，不同的 GAC 吸附器设计功能各有不同。GAC 系统的型号主要由下列参数决定：气相流股中易挥发组分的体积流率；易挥发组分的浓度或质量吸收量；GAC 的吸收能力；GAC 的再生频率。体积流率决定 GAC 床的型号（横截面积的设计）、风扇和马达的型号、空气通道的直径。易挥发组分的浓度、GAC 吸附能力、再生频率，决定了具体项目所需要的 GAC 量。

1. 预处理过程

活性炭处理设计时需要注意两个预处理过程，首先是冷却，然后是除湿。易挥发性有机物的吸附是放热反应，应在低温下进行。预处理后，尾气温度需要冷却到 130℃以下。预处理后尾气的相对湿度通常会减少 50% 左右。

2. 吸附等温线和吸附能力

GAC 的吸附能力取决于 GAC 类型和易挥发性组分的类型以及它们的浓度、温度和存在竞争吸附物质的多少。在指定的温度下，被单位质量 GAC 吸附的易挥发组分的质量和尾气流股中易挥发组分的浓度或分压之间存在一定的联系。

（四）沸石吸附系统

沸石吸附系统工艺与活性炭类似，但沸石具有吸附相对湿度较高的尾气，并且具有阻燃和完善的再生功能，因此与活性炭相比，具有一定的优势。沸石的作用如同反向过滤器，其晶体结构中孔隙均匀有规律地间隔排列，捕获小颗粒，让大颗粒分子通过。沸石晶体的孔径范围为 0.8 ~ 1.3nm，具有特殊的表面积，大约为 $1200m^2/g$，与活性炭的表面积不相上下。沸石有时能够有取舍地进行离子交换。

　　沸石有人造沸石和天然沸石两种，目前天然沸石有 40 多种，常为火山岩和海地沉积岩中的亲水性铝硅酸盐矿物质。人造沸石既有亲水性沸石，也有斥水性沸石。人造斥水性沸石可以与非极性化合物产生亲和力，许多 VOC 都是这类化合物，或者针对具体污染物制成化学功能强化的沸石。

　　沸石可用于处理排放含 NO_x 的尾气，以及大多数氯代物和非氯代物 VOC 尾气，斥水性沸石可以有效地用于处理高沸点的溶剂；高极性和挥发性 VOC 降解产品，如氯乙烯、乙醛、硫化物和醇类，用亲水性沸石的效果比用活性炭要好；高锰酸钾的亲水性沸石在去除极性物质方面效果好，如硫化物、醇类、氯乙烯和乙醛。沸石处理系统对污染物种类有针对性，在处理含有多种污染物种类的尾气时，很难将所有污染物清除，所以，在处理多种类污染物时，活性炭或高分子聚合物更适合。另外，沸石系统处理在吸附剂上聚合的污染物时，成本较大。例如，苯乙烯聚合成聚苯乙烯，沸点升高，相对分子质量增大，吸附后解吸只能在高温下进行，高温条件需要大量燃料，这样使沸石处理成本上涨。

（五）高分子吸附系统

　　高分子吸附技术同样是采用物理方式吸附尾气中的污染物并清除，处理主要设备与活性炭相同。高分子吸附剂有塑料、聚酯、聚醚和橡胶。高分子吸附剂价格比较昂贵，但更换频率很低，对于湿度不敏感，也不易着火，内部结构也不易损坏。SVE 尾气使用高分子吸附剂处理经验不是很多，与活性炭相比还有待进一步完善，但是高分子吸附剂比沸石广泛。

　　高分子吸附剂可用于四氯乙烯（PCE）、三氯乙烯（TCE）、三氯乙酸（TCA）、1，2- 二氯乙烷（DCE）等系统，也可用于甲苯、二甲苯、氟利昂、酮类和醇类。其适用的流量范围较大，可处理 170 ~ 1 700m^3/h 的尾气，吸附容量较大，每小时可处理 VOC 为 14kg。其耐水性较好，即使相对湿度高达 90% 时，吸附性能也不会下降。高分子吸附剂不适用于污染物浓度较低的情况。其价格比活性炭贵，与沸石价格相当。

（六）吸附再生技术

l. 变温吸附脱附技术

　　变温吸附脱附技术是利用吸附剂的平衡吸附量随温度升高而降低的特性，采用常温吸附、升温脱附的操作方法。整个变温吸附操作中包括吸附和脱附，以及对脱附后的吸附剂进行干燥、冷却等辅助环节。变温吸附用于常压气体及空气的减湿、空气中溶剂蒸气的回收等。如果吸附质是水，可用热气体加热吸附剂进行脱附；如果吸附质是有机溶剂，吸附量高时可用水蒸气加热脱附后冷凝回收，吸附量低时则用热空气脱附后烧掉，或经二次吸附后回收。

　　变温吸附回收工艺应用最广泛的是水蒸气脱附再生工艺。该工艺是采用两个以上的吸附器并联组成，吸附介质为活性炭或纤维活性炭，通过阀门切换交替实现系统的连续运行。吸附饱和后的吸附器用蒸气再生，再生出来的混合气体通过冷凝器冷凝，然后将有机溶剂和水分离后直接或间接利用，含微量溶剂的水净化后排放。蒸气再生适用于脱附沸点较低碳氢化合物和芳香族有机物的饱和碳，水蒸气热焓高且较易得，脱附经济性和安全性较好，但是对于较高沸点的物质脱附能力较弱，需较长的脱附周期，而且易造成系统的腐蚀，对系统容器管道等的材料性能要求较高；如果回收的物质中含水量较高，还存在冷凝水的二次污染问题，解吸易水解的污染物（如卤代烃）时会影响回收物的品质，水蒸气脱附后，固定床吸附系统需要较长时间冷却干燥，才能再次投入使用。水蒸气脱附还需要大容量的冷却冷凝系统，此外，对于那些无现成水蒸气资源的客户，在目前对燃煤锅炉环保要求日益提高的形势下，水蒸气系统还须配备一套复杂的蒸气锅炉系统。而如果采用电、天然气等洁净能源产生蒸气则造成非常高昂的运行费用。从经济性而言，目前的变温吸附技术主要适合于气体浓度大于 1 000mg/m 的场合（对于高风阻的系统最好浓度大于 2 000mg/m³），对于大风量、低浓度有机气体的回收技术还不适用。

2. 变压吸附脱附技术

变压吸附脱附技术是由于吸附剂的热导率小，吸附热和解吸热引起的吸附剂床层温度变化也小，所以吸附过程可看成等温过程。在等温条件下，吸附剂吸附有机物的量随压力的升高而增加，随压力的降低而减少。变压吸附在相对高压下吸附有机物，而在降压（降至常压或抽真空）过程中，放出吸附的有机气体，从而实现混合物分离目的，使吸附剂再生，该过程外界不需要供给热量便可进行吸附剂的再生。

变压吸附工艺以压力为主要的操作参数，在石化及环境保护方面有广泛的应用。变压吸附具有以下优点：①适应的压力范围较广并且常温操作，所以能耗低；②产品度高，操作灵活；③工艺流程简单，无预处理工序，可实现多种气体分离；④开停车简单，可实现计算机自动化控制，操作方便；⑤装置调解能力强，操作弹性大，运行稳定可靠；⑥吸附剂使用周期长，环境效益好，几乎无三废产生。变压吸附也有自身的缺点，其设备相对多而复杂，投资高，设备维护费用也相对高。变压吸附用于有机气体净化和回收，在氯氟烃、芳香烃、醇类、酮类的回收方面应用效果显著。

三、生物处理法

生物法是将尾气通过位于固定介质上的微生物，利用生物作用使污染物降解。由于地球上到处都有能参与净化活动的生物种属，它们通过本身特有的新陈代谢活动，吸收积累分解转化污染物，降低污染物浓度，使有毒物变为无毒，最终达到水排放标准。因此利用生物净化污水受到人们的重视。具体方法如下：

（一）沉淀处理法

用于净化净化生活污水。在污染物还未破坏水域自净能力的前提下，采用简单的格栅，通过水中滤食性和沉食性动物的活动与运动，提高水体自净能力，促进水体中悬浮物沉淀并被埋藏在底质中使污水净化。

（二）水生生物养殖

用于生活污水和含有机污染物的工业废水。通过水生生物降解污染物，是防止水体富营养化的有效措施。

1.放养水生维管束植物（简称水生植物）

这类自养型水生植物对水污染有很好的忍耐性，它们不仅能进行光合作用吸收环境中二氧化碳、放出氧气改善水体质量，而且能消除许多污染元素。

2.养殖水生动物用于净化生活污水

有人将鱼类、贝类饲养在放有 1/5 污水的池中，仍能正常成活，其增重率比净水饲养的高，污水养殖一些食草性鱼类，不仅能利用营养元素，还能以池中蓝藻作为饵料，达到消除水体富营养化的目的。由于此法养殖的动物，往往具有异味或蓄积有害健康的物质，影响食用价值，故当前利用水生动物净化污水的应用和报道较少。

（三）生物定塘法

国内外用来处理生活污水和石化、焦化、造纸、制药废水的传统方法。

1.好氧塘

以天然池塘、洼地、水坑中水草、藻和微生物吸收分解氧化功能净化污水，是典型的藻菌共生系统。靠藻菌共生关系在塘内循环不止污水得以净化。有毒物经塘中发生的物化、生化作用被去除；有机污物被微生物降解。悬浮物由于塘中物理因素产生聚凝沉淀而去除，病原菌由于不适应环境而死亡；氮、磷由于藻类增殖摄取而部分去除。

2.厌氧塘

在无氧条件下，由厌氧细菌及兼气菌降解有机污物，一般由两步组成。一是水解，经芽孢杆菌、变形菌、链球菌的胞外酶，将不溶水的大分子有机污物降解成溶于水的低分子物氨基酸、单糖和有机酸类；二是经甲烷杆菌、产甲烷球菌将有机酸降解成二氧化碳和甲烷，使污水净化。

（四）活性污泥法

用于大型污水处理厂及工矿废水的处理。此法是在好气菌作用下，使含有大量有机污物的废水形成生物絮体（活性污泥）。利用活性污泥对污染物的吸附，以及絮体上微生物、藻、原生动物和寡毛类动物对有毒物分解转化作用，废水在曝气池停留 4 ~ 10h，使污泥与废水充分接触就可完成净化过程。

（五）生物膜法

用于净化食品工业、发酵工业废水。实践中较常应用的是生物滤池，该池利用滤料（花岗岩、无烟煤等）或转盘的吸附作用，使污水中菌、藻、微型动物阻留形成 2 ～ 3mm 厚生物膜，其中原生动物吞噬细菌使膜不断更新，蠕虫吞食有机残粒，动物运动使黏状生物膜得到松动，在膜外层形成 0.1 ～ 0.2mm 厚生态平衡小生境。当污水流经生物膜时有机污物被迅速吸附，成为细菌新陈代谢的物料，溶解性污物被微型生物降解吸收，转化成体内物贮存，难分解污物被滤池扫除生物分解去除，靠寡毛类线虫和昆虫幼虫的掠食作用清除多余老化的生物膜。

（六）生物接触氧化法

用于生活污水和毛纺、化工、制浆废水的处理。此法兼备活性污泥和生物膜法特点。所采用的工艺有：①生物铁法。利用铁的物化效应和生物效应处理焦化废水。②活性炭生物膜法。利用活性炭吸附作用，使微生物在炭表面繁殖来降解污物，净化工业废水。③生物酸化还原氧化法，用于处理硝基苯化合物工业废水。

（七）土地处理系统

用于处理生活污水和食品工业废水。此法是一个物化、生化的综合过程，通过土壤较强的过滤、吸附、氧化、离子交换作用，微生物的吸收分解作用，以及土壤结构和植物根系对污物的阻滞作用，完全能使污水净化。污水在水田中停留 3 ～ 8d，去除率可达 80% ～ 95%，氮和磷去除率分别达 98% 和 85%，但污水中的油脂、皂类过多会堵塞土壤空隙，常带来灌田的"污水病害"，因此必须进行预处理后才能应用。

（八）固定化细胞法

用于多种工业废水的净化。在废水中直接利用含有某种特殊催化功能酶的微生物制备成固定化细胞。此法必须筛选具有特殊分解能力的菌种形成一个平衡系统，实现强化型废水净化。包埋纯种微生物制备的固定化细胞作为吸附剂，可有效去除废水中重金属、酚等芳香烃有毒化合物，有人从活性污泥中分离出热带假丝酵母菌，处理焦化含酚废水后的去除率达 99%。此法净化效果最好，但因选育高产酶菌株困难、成本较高影响发展。

综上所述，生物法可处理的污染物种类有脂肪烃、单环芳烃、醇类、醛类、酮类等，但不适用于含氯 VOC，微生物法操作成本小于热处理法和吸附法，但是当尾气中污染物短时间内变化较大时，微生物来不及适应浓度的增加或者污染物种类的变化。

第四章　村屯河道的标准化治理

第一节　村屯河道标准化治理概述

一、村屯河道的界定及治理内涵

（一）村屯河道的界定

目前，水利部对我国的河道划分并没有明确的村屯河道的概念。不同的学者对村屯河道的概念给出了不同的理解。农村河道主要是指流经农村地带，以及分布在农村周围的湖泊、河流或者池塘等对农村的生产、生活有着直接影响的水域。农村河道包括县乡河道和村庄河塘。县乡河道是指一个县范围内跨县和跨村的河道，村庄河塘是指房前屋后、村庄周边的小水塘。我国农村河道多数属于中小河流的支流及末端，是中小河流的重要组成部分，其流域面积较小、数量众多、分布广泛，具有防洪、排涝、灌溉、供水等多种功能，与城镇和农村居民的生产、生活环境联系十分紧密。农村河道广义上包括流经或分布在广大农村地区，直接为农村生产、生活服务的河流、小型湖泊和沟塘。

（二）村屯河道标准化治理内涵

农村河道标准化治理为新农村生态建设提供保障。我国村屯河道数量众多、分布广泛，是河流水网体系的重要组成部分。随着生态文明建设的提出，河湖治理工作已经开始重视农村河道的治理。稳步推进农村环境综合整治，开展农村排水、河道疏浚等试点，搞好垃圾、污水处理，改善农村人居环境；着力推进水生态保护和水环境治理，坚持以保护优先和自然恢复为主，维护河湖健康生态，改善城乡人居环境。

农村河道标准化治理为村民提供了良好的生活环境。流经村屯的河道不仅作为大中型河道的源头，也是影响村屯环境的最重要因素，治理工作成为改善人居环境的首要任务。开展村庄人居环境整治，加快编制村庄规划，推行以奖促治政策，以治理垃圾、污水为重点，改善村庄人居环境，提高农村饮水安全工程建设标准，加强水源地水质监测与保护，有条件的地方推进城镇供水管网向农村延伸。

农村河道标准化治理与以人为本的社会发展规律相协调。农村河道标准化治理为确保地区人民群众的生命、财产安全提供保障。农村河道标准化治理可促进基础设施建设，促进区域经济健康、持续发展，增加地方人民群众经济收入。农村河道标准化治理一切从人民群众实际出发，切实为人民群众着想，更体现出以人为本的治理理念。

二、村屯河道标准化治理原则

（一）因地制宜

农村河道的治理要注重与当地的土地利用规划、新农村建设和乡镇建设相结合，治理重在恢复河道功能，不仅要提升河道的行洪、排涝、灌溉等功能，还要保持和恢复生态功能。因地制宜地采取治理方案和措施，包括河道清淤疏浚、堤防加固、水系沟通和生态修复，尤其是在岸坡整治和生态修复中要注重与生态治河、亲水景观建设相结合，且不同的河段根据当地地势、河流流势、河道现有景观等综合考虑。

I. 要因地制宜选取岸坡整治形式

岸坡整治工程是农村中小河流治理的关键环节，工程的实施应遵守"随坡就势"的原则，不过于追求岸坡整齐划一；充分利用当地材料，处理好工程安全性和经济性的关系；对河道整治过程中采取的新工艺，应明确设计规范、具体技术参数。以结构加固为主的岸坡治理工程要能抵御较强的水流冲刷，维持河道相对稳定，采用的工程材料应具备较强的耐久抗老化功能，抗侵蚀性能良好，避免重复性维修工作。以生态修复为主的内坡治理工程，优先选用技术成熟的生态护坡和植物措施护岸，常水位以下的护坡及固脚措施应尽量避免采用封闭的硬质材料，以丰富水生动植物和微生物的生存空间。以营造景观为主的岸坡治理工程，根据自然条件和人文风俗，设计以河道为载体的开敞式休闲空间，体现人水和谐。综合整治类型岸坡整治工程根据河道各段所处位置、功能定位等因素灵活选取岸坡治理形式。

2. 要因地制宜实施生态修复工程

对河道、湿地、坑塘等要因地制宜地通过放养菌种、水生动物，种植水生植物、人工水草，放置生态浮床，打造人工湿地等措施进行生态修复，打造多自然型河流。把握好陆域和水生植物群落建设，合理选择类群配置、种植生境、种植方式、种植时间，并落实维护管理措施。

3. 要因地制宜进行河道护岸和清淤疏浚

由于河道水系的分布不同，要解决农村河道水系的"脏、乱、差"状况，一定要因地制宜，根据不同的情况做出不同的治理方案，切忌千篇一律地筑岸砌石。近年来，很多地方不考虑当地的实际情况，无论河道如何变化，一律采用筑岸砌石，治理完以后，虽然看上去整齐划一，但却失去了水系原来的柔美，也浪费了大量的财力、物力。在治理时，要按照人水和谐、生态亲水的原则，因河制宜，根据不同的地段，采用斜坡式、叠砌式、木桩式、自然坡式等不同形式的护岸形式。在河道治理时，以河道原有生态不变为原则，满足河岸居民的安全、亲水、休闲、灌溉的需求。护岸治理的同时，要做好清淤工作，切实解决农村河道普遍存在的淤积严重、排灌不畅、调蓄能力弱化、水质较差等实际问题。

4. 要因地制宜建立管护机制

地方因地制宜制定完善河道管理制度，落实河道管理责任，加强河道管理机构和队伍建设，保障河道保护管理所需的人员、设备、经费。加强河道保护宣传教育，建立乡规民约，逐步完善专业管理与群众监督维护相结合的河道管护机制。积极利用自动监测、视频监控等现代化手段，提高河道管理能力。

（二）尊重现状

河道的治理在满足防洪安全和恢复河道功能的前提下，应充分考虑居住区人民生产、生活用水需要，治理措施尽量要以亲民、便民为主，遵循生态文明理念，在改善河流环境的同时尽量恢复河流自然形态和生物群落的多样性，实现人水和谐的最终目标。

1. 应注重保持河流的自然性

在确保河道防洪安全的前提下，尽量保持河流形态的多样性，宜宽则宽，宜弯则弯，避免裁弯取直，防止河道渠化硬化，保留河道内相对稳定的跌水、深潭、河心洲及应有的滩地，以河流的多样性维持河道水生物的多样性。河流两岸为生产区的河段（流经农田、林地等无人或少人居住的河段），整治时尽量保持原有河岸面貌，断面形式、护岸结构选择要遵循"按故道治河"的原则，尽量保持河道弯曲、平顺、生态的自然形态。

2. 维持河流天然形态，建设自然的河道

自然界河流的形成和演变都经过了漫长的历史过程，在水流与河床的相互作用下，河流走向、河床形态是在长期的发展演变中形成的。在中小河流治理中，要遵循自然规律，注意维持河流的天然形态，保护和恢复河流形态的多样性，顺应河岸线的基本走势，宜宽则宽，宜弯则弯，宜滩则滩，避免人为改变河势。自然蜿蜒的河道形态能降低洪水流速，削弱洪水的破坏力，裁弯取直将造成河岸带生态功能退化，使水生生物种群的生存环境受到破坏。同时由于改变了洪水流向，增大了河床比降，造成水流流速和水动能增加，加剧河岸的冲刷和河槽的下切，导致在洪水情况下灾害更加严重。因此，除极端情况外，要尽量避免人为对河流进行裁弯取直、缩短河道，尽量维持河道的天然状态，如自然蜿蜒曲折的形态、宽窄交替的河道水面、急流缓流交替出现的水流流态等。如特殊情况下要采用裁弯取直措施，则应解决好水面坡降变化大的问题，避免大洪水时水面坡降过大而威胁岸坡的安全。

此外，要开展中小河流的"两清"工作，严格清理河道上的违章建筑物，科学清理河道上阻碍行洪的障碍物，恢复原天然河道的形态和行洪能力。自然形态的河流往往拥有宽阔平缓的河岸带，这样的河岸带是联系陆地和水生生态系统的纽带，在河流生态修复中起着至关重要的作用，是湿生植物及鱼类生长和栖息的主要场所，有利于发挥河流自身净化能力和恢复能力。除岸坡外，自然形态的河流由于不断的冲淤平衡和受弯道处横向环流的

作用，河底往往高低起伏，深泓和浅滩交错，同一断面中也是急流与缓流相间，为水生植物和鱼类提供了多样性的生活空间。

因此，在中小河流治理中，在具备放坡的条件下，应尽量采用自然缓坡，形成较宽的河岸带，以利于河流的自然修复。此外，应尽量维持河道原有的天然断面形式和宽度，避免将河道"渠化"的行为，行洪断面应优先选择复式断面，在地形条件限制情况下，可以考虑选择梯形断面，尽量避免选择矩形断面。在满足行洪安全的前提下，适当地对河底进行疏浚和清淤，避免大范围的土方开挖和河底平整，尽量维持河道高低起伏、深泓浅滩交错、急流缓流相间的天然状态。

（三）注重修复

建管并重，落实长效管护机制是河道治理后长久发挥效益的重要保证。在前期治理的基础上，稳步推进河道确权定界，落实职能职责，实行县、乡、村、用水者协会（或企业）四级管理体系，建立河道日常巡查维护管理机制。地方政府要建立农村河道维修养护机制，确保日常养护资金到位；要加大宣传力度，发布加强河道和流域管理的通告，建立河道管理的激励约束机制。最终，实现河道综合治理建好一处，管好一处，长效保持一处。

三、村屯河道标准化治理内容

（一）河道清淤整形

清淤疏浚是指对河道内阻水的淤泥、砂石、垃圾等进行清除，疏通河道，恢复和提高行洪排涝能力，增强水体流动性，改善水质的活动。同时，清淤疏浚要注重优化方案。清淤疏浚的目的是增大河流纵比降，降低河床高程，扩大河道的行洪断面，确保防洪安全。根据河势变化、河道输水和防洪除涝要求，应对挖掘工艺的选择进行多方案比较，尽量采用环保型施工方式，并妥善处理清出的淤泥，防止对河道产生二次污染。根据不同区的功能定位来决定清淤疏浚时的河底标高和河道的宽度，以恢复河道行洪通航、供水灌溉等基本功能。多数村庄沿河而建，村庄段河道也相对较窄，泄洪断面明显不足，通过清淤疏浚不仅可加大河道的行洪能力，也可清理淤泥、垃圾，从而改善河道水环境。需要注意的是，不可像疏浚渠道，一味追求河流通畅，要尽量保留河道原有的蜿蜒性，对河道中原有池塘、溇浜都要加以保护，以营造生态小岛。

（二）护岸衬砌

护岸护坡工程包括岸线梳理、护岸修整、新建护岸、植物护坡等。因地制宜地选择岸坡形式，在河流受冲刷影响大的河段合理采用硬质护岸，其余尽可能以生态护岸为主，尽量保持岸坡原生态。对人口聚居区域，考虑护岸工程的亲水和便民，尽量维护河流的自然形态，防止人为侵占河道和使河道直线化，尽量避免截弯取直，保护河流的多样性和河道水生物的多样性。

1.岸坡形式

在整治岸坡进行护岸设计的时候，要根据不同河段的特点，因地制宜地选择合理的断面设计。主要有以下几种备选的断面：

形式一：斜坡式浆砌石生态护岸。主要适用于河道断面较宽、坡降大、流速快，同时有一定建设空间的河段。

形式二：直立式浆砌石护岸。主要适用于防洪、防冲要求相对较高，受地形限制，居民住房临水而建、土地资源比较紧张的地区（条件允许时，可以将挡墙底部的建筑栏杆换成植物护栏，种植藤蔓类植物，给硬质护岸"穿上柔和的外衣"）。

形式三：自然植被护岸。主要分布在农田等生产区以及对护岸要求不高的河段，遵循"故道治河"原则，以河岸整坡为主，保持河道弯曲、平顺、生态、自然形态。

2.岸坡材料

随着经济的发展和和谐社会建设的推进，河道整治不仅要实现河道的基本功能，而且要改善河道环境，为人们提供一个亲切宜人的休闲空间和绿化生态空间，达到人与自然的和谐发展。同时，要考虑河道生物的多样性，尽量保持河道的自然特征及水流的多样性，这样既有利于保护河道水环境，又有利于提高河流自净能力，保证水生动植物的繁衍生息。

常见岸坡材料如下：

（1）草木等自然材料护岸

①自然（种植）草木护坡

采用根系发达的原生草木来保护河堤稳定及生态。根系发达的固土植物在水土保持方面有很好的效果，利用根系发达的植物进行护岸固土，既可以达到固土保沙、防止水土流失的目的，又可以满足生态环境的需要，还可进行景观造景，在农村河道生态护岸工程中可优先考虑。固土植物主要有沙棘林、黄檀、池杉、龙须草、金银花、芦苇、常青藤、蔓草等，可根据该地区的土质、气候以及当地群众的喜好选择适宜的植物品种。

草木护坡主要保护小河、溪流的堤岸和一些局部冲蚀的弯道位置，可保证自然河道及堤岸特性。如种植水杉、柳树等具有喜水特性的植物，由它们发达的根系稳固土壤颗粒，增加堤岸的稳定性，使堤岸具有一定的抗冲刷能力。该方法简单易行、造价低廉，但开始时堤岸抗冲能力差，此时可辅助采用土工织物固坡。随着树木、水草生长壮大，抗冲能力逐步提高。

②人工竹木桩（插柳）护岸

在河道狭窄或遇有房屋等障碍必须缩窄河道处，可采用松木、柳木等木材制成一定长度的木桩，垂直或倾斜打入地基，形成近于垂直的湖岸，保护堤岸不被冲刷。有的小河溪可以采用插柳木桩，待柳桩成活后形成活的垂直护岸。坡上种植植被，固堤护岸。

人工竹木桩（插柳）护岸比较适合于流速大的河道，抗冲刷能力强、整体性好、适应地基变形能力强，又能满足生态型护岸的要求，可以保证河流水体与地下水之间的正常交换，利于水生动植物的繁殖、生长，并满足河道洪水期抗冲的需要。它具有适应地基变形能力强、施工简单、造价低廉等优点。

（2）砌石护岸

①干砌石护岸

利用当地石料，采用干砌的方式，形成直立或具有一定坡度的护岸。该种护岸形式结构简单、施工方便、施工技术容易掌握、抗冲刷能力强，适用于较大的河道及较高的流速。干砌石料时，在石料缝隙中填塞泥土或种植土体，并种植草木等植物，美化、绿化堤岸。一般在常水位以下干砌直立挡墙，用以挡土和防水冲刷，在常水位以上做成较缓的土坡，并种植当地水草和树木。

②浆砌石护岸

浆砌块石护岸是用水泥砂浆、石料砌成的垂直挡土墙。这种护岸形式稳定性较好、强度较高、施工方便且外形美观，但造价相对较高。浆砌石护岸可较充分利用河道过水断面，进一步增大抗冲能力，可用于大江大河或流速很大的堤防护岸。为了减少水泥用量，可在墙背部分占墙身30%的体积用干砌块石，形成直立式半浆砌块石护坡。在满足墙身强度、稳定的条件下，又节约水泥，还有利于河道水与地下水的交流。

③抛石护岸

对石料丰富地区的水流顶冲的急弯段深槽部位，为控制堤脚冲刷破坏，可采用抛石护岸（脚）。抛石一般置于水下，具有容易抛投、可变形性强、水力糙率高等特点。由于抛石护岸变形性大，护岸是缓慢发生破坏的，抛石体具有一定的自愈能力。

④铁丝网石笼或竹石笼护岸

铁丝网石笼或竹石笼护岸由铁丝网石笼或竹石笼装卵（碎）石、肥料及种植土组成。铁丝网石笼或竹石笼将块石或卵石固定，铁丝网石笼或竹石笼的疏密可根据卵石的直径确定，石笼大小应满足施工要求。该护岸适合于流速较大的河道，抗冲刷能力强、整体性好、适应变形能力强，又能满足生态型护岸的要求，利于河流水体与地下水之间的正常交流和水草、鱼类等的生长栖息。铁丝网石笼或竹石笼可以做成不同形状，既可以用作护坡，也可以做成直立的砌体挡土。该护岸形式既能满足抗冲固岸要求，也可在短时间内恢复河道植物生长。

（3）混凝土护岸

①常规混凝土护岸

利用常规的混凝土浇筑方法，在河道两岸建成直立的混凝土挡土墙，通常被称为三面光混凝土衬砌河道。其优点是抗冲刷能力很强，适用于大江大河及流速较大的洪水。缺点是河道水体和地下水不能进行交流，堤岸不利于生长绿色植物。河道内不利于鱼虾等水生动物繁衍生长，更不利于两栖动物繁殖、生活。混凝土预制护岸，即用混凝土预制块堆砌成垂直或有一定坡度的堤岸。该种护岸形式的优缺点介于现浇混凝土护坡与生态混凝土护坡之间。

②新型生态混凝土护岸

新型生态混凝土护岸，是采用多边形预制混凝土板块，规则堆砌在河坡上，预制混凝土板块中间设有孔，在孔中种草、栽植植物，形成绿色生态护岸。混凝土板块可设企口。采用方格形或梅花形排列，水下部分孔洞作为鱼类和两栖动物的洞穴。该护岸形式具有一定的抗水流冲刷能力，而且孔洞部分适合植物生长、两栖动物栖息繁衍，可形成和谐的水中、岸坡、水上交流共生关系，能较好地实现护岸的生态化。

（4）复合型生态护岸

根据河道坡度高程的变化，将上述几种护岸形式进行组合，使河坡沿高程自然变化，在水流冲刷面以下做成强度高的混凝土结构，冲刷面以上做成亲水平台和观景台，亲水平台以上做成生态型护岸，形成自然景观。

（5）现代新型生态混凝土护岸

随着国家工业化程度的提高，河流治理方案中的生态式护岸正在快速稳步发展。像自嵌式植生和景观挡墙、连锁式和铰接式护坡、生态透水砖以及从国际上引进的既能透水又能防止水土流失的植物生态混凝土技术均正在应用。

3.岸坡形式选择原则

河道生态护岸形式的选用需要综合考虑洪水冲刷安全、生态景观、经济合理实用等多方面的要求，主要考虑的因素如下：

（1）满足灌溉、泄洪、航运等安全性

生态河道整治工程是一项综合性工程，既要满足人们的需求，如防洪、灌溉、供水、航运以及旅游等，也要兼顾生态系统健康和可持续发展的需求，生态护岸必须符合水文学和工程力学的规律，以确保工程设施的安全、稳定和耐久性。工程必须在设计标准规定的范围内，能够承受洪水、侵蚀、波浪、冰冻、干旱等自然力荷载。因此，应按河流水力学进行河流纵横断面设计，并充分考虑河流泥沙输移、淤泥及河流侵蚀、冲刷等河流特性，保证生态河道岸坡的耐久性。

（2）适应景观要求的美观性

为了保证河流风景的整体性，要综合考虑护岸的设计，主要以透视图将设计对象空间表现为立体形态，不能仅靠平面图和断面图来进行护岸设计。应以自然、徐缓、曲折的岸线设计，使景观显得自然生动，更接近于天然河流，以达到河川景观的宜人效果；多修建人们容易接近水边与水亲近的平台、踏步等。

（3）达到经济、适用、实用性

在满足安全性的同时必须考虑经济合理性，要坚持风险最小和效益最大的原则，使河流护岸保护堤防的安全，防止洪水时期泛滥。因此，河流必须具有安全下泄洪水的功能，河道有效宽度、堤岸顶高程应多方面考虑设计洪水状况，而不能只考虑高洪水位水的流动状态。在进行河岸生态设计时，可更多考虑对正常水位生活场景的设计，生态河道岸坡设计要考虑经济适用。在保证安全的基础上，考虑设计方案的经济性，尽量利用当地植物、树种和石料，就地取材，综合利用。少用人工材料和价格较高的外来特种草皮、树木等，防止片面追求美观、时尚和奢侈。生态河道岸坡设计还要做到实用、适用，必须考虑沿河群众生产生活需求，设计有关的靠船码头、用水亲水平台及小型临时取水设施等。

4. 生态护岸

护岸工程作为河道体系的重要组成部分，在构建生态型河道建设、生态功能维系中至关重要。因此，生态型河道建设要求护岸材料具有生态功能，能够维护河道生态功能或是改善整体生境状况；具体是指河道岸坡经开挖后，采用人工种植植被或生态工程措施，通过植被和土壤间相互作用对岸坡进行有效的防护与加固，达到岸坡结构安全与稳定的要求，恢复受损的自然生态环境。它是一种比较理想的生态护坡方式。河道岸坡采用生态护岸材料不仅可以有效地控制水土流失和改善河流水质，对河流生态系统有修复作用，而且生态功能的改善可以提升景观综合效应，有利于美化环境。

生态型河道护岸材料需要有满足植被生长的空间和稳定的结构以保持河道岸线的稳定性，植被易于生长而要求人们不要过多地对河道进行干预；而不干预的河道在水流的长期淘刷下易产生崩岸，影响河道岸坡的稳定；稳定河道岸坡需要进行护砌，护砌后的河道边坡失去了自然性，不利于植被的生长，从而失去了生态的意义。从表面上看，这两者是相互矛盾的。因此，我们要从原理上进行研究，寻找能满足植被生长与岸线稳定的生态型护岸材料和结构，使其既能满足生态系统所需的植被维系和必要空间，又能有稳定的结构进行河道岸坡的保护，这就要求护岸材料具有多维的性质，能满足生态多功能性的要求。

根据生态型河道建设要求，结合目前国内生态护岸结构及材料的发展状况，现有护岸材料形式可归纳为以下三类：

（1）自然型护岸

河道边坡经过简单治理后直接种植护岸植被，形成具有自然河岸特性的生态型护岸。此类护岸措施抵御破坏的能力相对较差，但近自然程度最高，植被丰富多样与河流的物质能量交换力最强，景观效果好，实施及维护成本低，在不受水流冲刷、生态景观效果好、一般处于静水的河流湖泊工程中应用广泛。如纯植物材料类型，在河道治理中采用植物措施是为了营造健康、稳定的河道植物群落，修复受干扰、破坏的河道生态体系。生态修复应遵循自然演替规律，以修复河道周围原有植被群落为目标。采用种植香根草进行护岸，香根草具有根系发达、发育能力强、耐淹、适应性强等特点，能为水陆动植物提供栖息环境；不足之处是物种单一且为引进物种，容易造成引进物种为优势种。

（2）半自然型护岸

实施的植物材料中适当使用木材、石料等天然材料，增强植被生长和抵抗干扰的能力，木石材与植物一起抵抗水流冲刷。因为使用了部分天然材料进行加固，其抗侵蚀的能力和岸坡稳定性相对自然型护岸要高些。如抛石与植物材料，抛石材料护岸因其施工简便、适应性强等优点，应用十分广泛。块石水力棱角多、表面粗糙率高，可减小水流冲刷，使土体能抵御冲刷侵蚀、减少水土流失。抛石结合植被等措施，可在石缝间生长植被，以达到增强河岸稳定与改善河岸动植物栖息环境的目的。抛石厚度与粒径有关，水深且急的河段应适当加大粒径；坡度根据具体水位可控制在1∶（1.5～4）。此外，土工格栅石垫护岸材料也属于半自然型护岸类型。土工格栅石垫是在坡面开挖成型后，铺设土工布，然后将石垫铺在土工布表面，再人工装填卵石，装满整平后盖上笼盖，最后用高密度聚乙烯合股绳人工绑扎成一个整体。填充石料之间的孔隙受到人为和自然因素的影响不断被土充填，植物根系深深扎入石料之间的泥土中，从而使工程措施和植被措施相结合。它适应于河道地质条件差、容易产生局部坍塌的情况。土工格栅石垫材料护岸结构整体性强、有一定的柔性、坡面应变能力强，且经济成本低，施工方便，其表面自然粗糙，有利于泥沙沉积及植被生长，还能促使河岸周围生态功能逐渐恢复，生态前景非常好。

（3）多自然型护岸

护岸材料中不仅包括植被类、木石材类等天然材料，还配置生态混凝土、土工合成材料等人造材料，在岸坡冲刷过程中抵抗侵蚀性能方面最具优势。

（三）堤岸绿化

在内河中，一般以常水位时陆地和水的分界线为准。河道的堤岸位置是水陆交错的过渡地带，具有显著的边缘效应。这里有活跃的物质、养分和能量的流动，为多种生物提供了栖息地，并且是人们滨河活动的主要空间。

在不同的河流、不同的水位情况下，堤岸的构成是不同的。堤岸中堤和岸都是线形要素，其中堤是防洪堤顶，是固定不变的要素，与城市建成区衔接，是城市防洪的组成部分。而岸是变化的要素，随着水位的变化而改变，在河流的枯水位，岸包括部分河滩；在河流的中水期，根据水位的不同，有的河流的岸是河滩，有的河流的岸是护岸，在河流的洪水期，岸是护岸。按照相对高程，可将堤岸分为不同的地带：堤顶——堤顶带及以外的局部部分；护岸——岸底带与堤顶之间的部分；河滩——常水位河床与护岸之间的部分。

在农村许多地方，堤岸是一个重要的场所。空间上表现为典型的线状空间，狭长、封闭，有明显的内聚性和方向性。两岸有各式各样连续而又风格统一的建筑作为背景，堤岸往往本身就是小路。平台、坡道、踏步等因地制宜，并有小型桥梁将两侧堤岸连接起来，整体上给人一种亲切、流畅的感觉。堤岸往往是小型聚会场所，常可见人们坐在路边喝茶聊天，具有非常浓厚的生活气息。

农村具有独特的村屯自然地理特色，它们的河道是这一特色的重要组成因素，因此我们的景观设计应该充分保护、利用并展现其自然特色。自20世纪60年代英国著名景观规划师伊安·麦克哈格提出"设计遵从自然"的景观设计理论并进行了大量的设计实践以来，尊重自然过程、依从自然过程的设计理念和方法已经被国际城市设计和景观设计界普遍接受与应用，因此在村屯河道建设中也应该相应地引用。在长期自然适应、调整直至稳定的过程中，每种自然过程都会出现独特的自然适应形式，表现在地形、植被等自然要素及其组合结构之中。因此，设计尊重自然过程，就是要认识到：各种自然过程都具有自我调节功能，设计的目的在于恢复或促进自然过程的自动稳定，而非随心所欲地人工控制；各种自然过程都有自然的形式与之适应，设计中应善于发现并充分利用这些自然形式，而非天马行空地构图。在此观念的指导下，通过深入了解场地的各项自然过程及对应的自然形式，一定可以得到多样、经济且符合场地个性的设计形式。除此之外，农村的历史文化和民间风情以及它们影响下的建筑风格都是成就农村的宝贵财富，是村屯的地域风格。景观设计应该注意为人们提供展现这一风格的空间和场所。只有这样，才能真正地设计出属于村屯的河道景观，村屯的历史文化也才能够发展延续下去。

为稳固河岸，防治水土流失，美化亮化河岸景观，在坚持与河道整治同步规划、同步设计、同步实施的"三同步"基础上，按照"总量适宜、布局合理、植物多样、景观优美"绿化要求，对农村河道两岸实施植绿、造绿，并根据条件，在部分河道两岸建设生态林带，布置休闲景观，打造河岸绿色长廊，努力使河道两岸成为沿河居民群众游憩、休闲、运动、亲水的主要空间。

河道堤岸是人类活动与自然过程共同作用最为强烈的地带之一。护岸部分物质、能量的流动与交换过程非常频繁，是典型的生态交错带，其设计的形式直接关系到河道边缘生境的存在。因此，堤岸的功能之一就是保护河道边缘生态，而不应仅仅注重城市防洪。如今生态型护岸的设计就是在保证河道防洪功能的前提下，注重生态景观的塑造，为动植物的生长提供空间。堤岸上提供了绿化空间，种植各种乔灌木，给人们提供了视觉欣赏的对象，同时强化了堤岸的自然情趣，全方面展现了堤岸的生态景观。

（四）维护管理

中央层面已建立健全了中小河流治理重点县综合整治项目管理和绩效评价制度，针对项目实施的各关键环节，编制项目前期工作、质量控制、竣工验收、建后管护的指导意见。编制项目典型设计图集，强化培训指导，开展河道保护和整治成效宣传。加强项目进展情况跟踪，加大监督检查力度，及时开展项目中期评估和绩效评价工作。建设中小河流治理重点县综合整治管理信息平台，采用遥感等技术手段对项目实施前、实施中、实施后的情况进行比对，综合评价整治效果。

重视维护河流生境，建设有生命的河道河流生境一般指包括河床、河岸、滨岸带在内的河流的物理结构。河流生境是河流生态系统的重要组成部分，为河流生物的正常生活、生长、觅食、繁殖等活动提供必需的空间和庇护场所，是河流生物赖以生存的基础。河流生境的破坏，将引起水生态系统的退化，使微生物的生物多样性降低，鱼类的产卵条件发生变化，鸟类、两栖动物和昆虫的栖息地改变或避难所消失，造成河流生物物种数量的减少和某些物种的消亡。

在中小河流治理中，必须重视维护河流生境，不因河道治理带来河流生物物种的减少或消亡，努力营造蛙叫虫鸣、鱼虾畅游、水鸟翱翔的景象，建设有生命的河道。在河岸、滨岸带，根据坡面土壤含水量的变化情况，依次栽种水生植物、湿生植物和中生植物，植物选择要遵循物种多样、高低错落、乔灌草结合、共生适宜的原则；在水中由水岸浅水区到深水区，梯级栽植挺水植物（如荷花、芦苇、香蒲、慈姑、千屈菜、水葱、菖蒲、泽泻、水生美人蕉等）、浮叶植物（如睡莲、野菱、王莲、莼菜等）和沉水植物（如金鱼藻、苦草、水柳、水兰、水榕、凤凰草、伊乐藻、轮叶黑藻等），这些水生植物将为鱼卵的孵化、幼鱼的成长以及鱼类躲避捕食提供良好的环境。河道中清除受污染的底泥，提高河床孔隙率，为微生物、水生植物生长创造条件。疏浚与清淤要维护河道原生态河貌，在满足防洪要求的前提下，尽量保留河道天然滩（洲），条件允许的情况下，河床中可建造河心滩（洲）、生态岛，或采取打木桩、抛石的方法建造急流、浅滩和深潭，在部分河滩上开挖凹地，营造出接近自然的流路和有着不同流速的水流，造就水体流动的多样性，满足不同鱼类的需要。护坡尽量使用堆石、干砌石、多孔混凝土构件和自然材质制成的柔性结构，为水生动物提供生息繁衍的空间。

农村河道集水面积小且分布杂散，多数属于河流水系中的末端河道，是各县及乡镇河流水系的重要组成部分，在河道治理中易被忽视。但是，从各重点县综合整治与水系连通试点工作的开展和国家的政策以及各地治理的反响来看，开展农村河道的治理势在必行。

而农村河道综合整治是一个庞大的系统工程和一项艰巨而长期的任务。

农村河道综合整治项目分散、战线长，与人民群众切身利益密切相关，社会关注度高，且实施的主体在基层，建设和管理难度较大。虽然试点工作取得了一定的成就和经验，但未来的治理工作仍然很重。在治理过程中及后期维护过程中应注意以下几方面：

河道形态的治理：针对河道开挖、清淤工作，应尽可能保证河道原有的地形、地貌不被破坏，并且加大河道中池塘、溇浜的保护力度，确保构建生态"孤岛"环境，以利于周边居民居住。严禁施工过程中一味追求工程进度和成本，也不宜过度追求工程的防洪安全性而采取一些不恰当的"改造自然"方法，截弯取直，把河道的原始形态线性化、渠道化。

河道断面的治理：在河道断面治理问题上，应首倡缓坡，直立钢筋水泥防护方法通常只在特殊河段才采用，并尽量采用缓慢放坡方式，这就需要我们在选择河岸护坡材料时，优先考虑多孔生态材料。截至目前，我国河道断面治理主要采用生态混凝土预制砌块护岸、浆砌块石护岸、植物型护岸等施工方法。

生态植物措施的应用：现如今，生态河道理念在国内工程中得到了良好的发展和贯彻，越来越多的生态、植物措施应用到河道治理工程中来，新型建筑材料的出现（如生态混凝土预制球、生态混凝土预制砌块、生态植物袋等），为纯植物护坡设计与实践提供了良好的发展机会，类似工程还在很多区域获得了良好效果。

亲水及景观建筑物融入：在河道治理工程中，借助筑堰抬水形成湖面，然后在湖边增添亲水平台设施，并在堤防建设景观建筑物，无疑是当前社会的潮流模式。该措施不但能够进一步提升堤防功能，还能实现原本单一性能的防洪工程向休闲、旅游综合功能的良好转变。

第二节　村屯河道标准化治理技术

一、河道清淤及整形技术

我国中小河道淤积现象比较普遍，河道原有的调蓄洪水和防灾减灾的能力有所减弱，村屯河道更是面临严重污染，有的甚至成为垃圾堆放处。近几年国家加强了中小河道和农村村屯河道的治理力度，其中清淤工程作为主要措施被广泛实施。历史上，农村村屯河道的清淤工程多是基于人工体力劳作的方式来完成的，而大型清淤装备、清淤船只也基本上是为了港口、航道或大江大河的大规模疏浚工程而建造的，无法进入中小河道进行施工，因此中小河流清淤工程一般没有非常合适的清淤装备进行施工。而对于中小河道以及农村村屯河道的清淤工程到底应该如何实施，使用什么样的清淤机械和工艺，清出来的淤泥应该如何处理，在目前尚无一个比较规范或者公认的方法。针对这一问题，本节收集和梳理了我国河道尤其是中小河道和村屯河道的清淤方法，以及淤泥处理利用的技术和方法，对各种方法的优缺点及适用范围进行了分析，以为中小河流、农村村屯河道的清淤工程提供一些技术借鉴。

（一）中小河道常用清淤技术

目前的河道清淤工程，大多数具有水质改善的目的，因此尚属环保清淤范围。现在的清淤工程具有系统化施工的特点，在清淤之前应该进行初步的底泥调查。通过测量明确河道底床的形状特征，通过底泥采样分析明确底泥中污染物的特点和是否超过环境质量标准。中小河道，尤其是农村河道工程量偏小，这些前期工作很容易被忽视，但实际上先进行一些简单的前期工作对整个工程的顺利实施并获得预期效果会有极大的帮助。在前期工作的基础上，根据淤积的数量、范围、底泥的性质和周围的条件确定包含清淤、运输、淤泥处置和尾水处理等主要工程环节的工艺方案，因地制宜选择清淤技术和施工装备，妥善处理处置清淤产生的淤泥并防止二次污染的发生。

1. 排干清淤

由于村屯河道防洪、排涝功能的流量较小，并且没有通航功能，因此可以采取排干清淤措施。排干清淤是指可在河道施工段构筑临时围堰，将河道水排干后进行干挖或者水力冲挖的清淤方法。排干后又可分为干挖清淤和水力冲挖清淤两种工艺。

（1）干挖清淤

作业区水排干后，大多数情况下都采用挖掘机进行开挖，挖出的淤泥直接由渣土车外运或者放置于岸上的临时堆放点。若河塘有一定宽度，施工区域和储泥堆放点之间有一定距离，需要有中转设备将淤泥转运到岸上的储存堆放点。一般采用挤压式泥浆泵，也就是混凝土输送泵输送流塑性淤泥，其输送距离可以达到 200 ~ 300 m，利用皮带机进行短距离的输送也有工程实例。干挖清淤的优点是清淤彻底，质量易于保证，而且对设备、技术要求不高；产生的淤泥含水率低，易于进行后续处理。

（2）水力冲挖清淤

水力冲挖清淤是指采用水力冲挖机组的高压水枪冲刷底泥，将底泥扰动成泥浆，流动的泥浆汇集到事先设置好的低洼区，由泥泵吸取、管道输送，将泥浆输送至岸上的堆场或集浆池内。水力冲挖具有机具简单、输送方便、施工成本低的优点，但是这种方法形成的泥浆浓度低，给后续处理增加了难度，施工环境也比较恶劣。

一般而言，排干清淤具有施工状况直观、质量易于保证的优点，也容易应对清淤对象中含有大型、复杂垃圾的情况。其缺点是，由于要排干河道中的流水，增加了临时围堰施工的成本；同时，很多河道只能在非汛期进行施工，工期受到一定限制，施工过程易受天气影响，并容易对河道边坡和生态系统造成一定影响。

2. 水下清淤

水下清淤一般是指将清淤机具装备在船上，由清淤船作为施工平台在水面上操作清淤设备将淤泥开挖，并通过管道输送系统输送到岸上堆场中。水下清淤有以下几种方法：

（1）抓斗式清淤

利用抓斗式挖泥船开挖河底淤泥，将抓斗式挖泥船前臂抓斗伸入河底，利用油压驱动抓斗插入底泥并闭斗抓取水下淤泥，之后提升回旋并开启抓斗，将淤泥直接卸入靠泊在挖泥船舷旁的驳泥船中，进行开挖、回旋、卸泥循环作业。清出的淤泥通过驳泥船运输至淤泥堆场，从驳泥船卸泥仍然需要使用岸边抓斗，可用其将驳船上的淤泥移至岸上的淤泥堆场中。

抓斗式清淤适用于开挖泥层厚度大、施工区域内障碍物多的中、小型河道，多用于扩大河道行洪断面的清淤工程。抓斗式挖泥船灵活机动，不受河道内垃圾、石块等障碍物影响，适合开挖较硬土方或挟带较多杂质、垃圾的土方；且施工工艺简单，设备容易组织，工程投资较省，施工过程不受天气影响。但抓斗式挖泥船对极软弱的底泥敏感度差，开挖中容易产生"挖除河床下部较硬的地层土方，从而泄漏大量表层底泥，尤其是浮泥"的情况；容易造成表层浮泥经搅动后又重新回到水体之中。根据工程经验，抓斗式清淤的淤泥清除率只能达到30%左右，加上抓斗式清淤易产生浮泥遗漏、强烈扰动底泥，在以改善水质为目标的清淤工程中往往无法达到原有目的。

（2）泵吸式清淤

泵吸式清淤也称为射吸式清淤，它将水力冲挖的水枪和吸泥泵同时装在一个圆筒状罩子里，由水枪射水将底泥搅成泥浆，通过另一侧的泥浆泵将泥浆吸出，再经管道送至岸上的堆场，整套机具都装备在船只上，一边移动一边清除。而另一种泵吸法是利用压缩空气为动力进行吸排淤泥的方法，将圆筒状下端开口泵筒在重力作用下沉入水底，陷入底泥后，在泵筒内施加负压，软泥在水的静压和泵筒的真空负压下被吸入泵筒。然后通过压缩空气将筒内淤泥压入排泥管，淤泥经过排泥阀、输泥管而输送至运泥船上或岸上的堆场中。

泵吸式清淤的装备相对简单，可以配备小中型的船只和设备，适合进入小型河道施工。一般情况下容易将大量河水吸出，造成后续泥浆处理工作量的增加。同时，我国河道内垃圾成分复杂、大小不一，容易造成吸泥口堵塞。

3.环保清淤

环保清淤包含两个方面的含义，一方面指以水质改善为目标的清淤工程；另一方面则是在清淤过程中能够尽可能避免对水体环境产生影响。环保清淤的特点有：①清淤设备应具有较高的定位精度和挖掘精度，防止漏挖和超挖，不伤及原生土；②在清淤过程中，防止扰动和扩散，不造成水体的二次污染，降低水体的浑浊度，控制施工机械的噪声，不干扰居民正常生活；③淤泥弃场要远离居民区，防止途中运输产生的二次污染。

环保清淤的关键和难点在于如何保证有效的清淤深度和位置，并进行有效的二次污染防治，为了达到这一目标一般使用专用的清淤设备，如使用常规清淤设备时必须进行相应改进。专用设备包括日本的螺旋式挖泥装置和密闭旋转斗轮挖泥设备。这两种设备能够在挖泥时阻断水侵入土中，因此可高浓度挖泥且极少发生污浊和扩散现象，几乎不污染周围水域。意大利研制的气动泵挖泥船用于疏浚水下污染底泥，它利用静水压力和压缩空气清除污染底泥，此装置疏浚质量分数高，可达70%左右，对湖底无扰动，清淤过程中不会污染周围水域。国内目前所使用的环保清淤设备多为在普通挖泥船上对某些挖泥机具进行环保改造，并配备先进的高精度定位和监控系统以提高疏浚精度、减少疏浚过程中的二次污染，满足环保清淤要求。

环保绞吸式清淤是目前最常用的环保清淤方式，适用于工程量较大的大、中、小型河道、湖泊和水库，多用于河道、湖泊和水库的环保清淤工程。环保绞吸式清淤是利用环保绞吸式清淤船进行清淤。环保绞吸式清淤船配备专用的环保绞刀头，清淤过程中，利用环保绞刀头实施封闭式低扰动清淤，开挖后的淤泥通过挖泥船上的大功率泥泵吸入并进入输泥管道，经全封闭管道输送至指定卸泥区。

（二）河道淤泥的处理处置技术

河道清淤必然产生大量淤泥，这些淤泥一般含水率高、强度低，部分淤泥可能含有有毒有害物质。这些有毒有害物质被雨水冲刷后容易浸出，从而对周围水环境造成二次污染。因此，有必要对清淤后产生的淤泥进行合理的处理处置。淤泥的处理方法受到淤泥本身的基本物理和化学性质的影响，这些基本性质主要包括淤泥的初始含水率（水与干土质量比，下同）、黏粒含量、有机质含量、黏土矿物种类及污染物类型和污染程度。在淤泥处理工程中，可以根据待处理淤泥的基本性质和拥有的处理条件，选择合适的处理方案。

1. 无污染淤泥与污染淤泥的处理

根据淤泥是否污染及含有的污染物种类不同，其相应的处理方法也不尽相同。某些水利工程中产生的淤泥基本上没有污染物或污染物低于相关标准，例如南水北调东线工程淮安白马湖段疏浚淤泥无重金属污染，同时氮、磷等营养盐的含量也低，对于此类无污染或轻污染的淤泥可以进行资源化处理，这类淤泥主要产生于工业比较落后的农村地区。而对污染物超过相关标准的淤泥，则在处理时首先应考虑降低污染水平到相关标准之下，例如对重金属污染超标的淤泥可以采取钝化稳定化技术。淤泥处理技术的选择也要考虑到处理后的用途，比如对氮、磷营养盐含量高的淤泥，当处理后的淤泥拟用作路堤或普通填土而离水源地较远，氮、磷无法再次进入水源地造成污染时，一般不再考虑氮、磷的污染问题。

（1）堆场处理与就地处理

堆场处理法是指将淤泥清淤出来后，输送到指定的淤泥堆场进行处理。我国河道清淤大多采用绞吸式挖泥船，造成淤泥中水与泥的体积比在五倍以上，而淤泥本身黏粒含量很高，透水性差，固结过程缓慢。因此，如何实现泥水快速分离，缩短淤泥沉降固结时间，从而加快堆场的周转使用或快速复耕，是堆场处理法中关键性的问题。就地处理法则不将底泥疏浚出来，而是直接在水下对底泥进行覆盖处理，或者排于上覆水体，然后进行脱水、固化或物理淋洗处理，但也应根据实际情况选用处理方法，如对于浅水或水体流速较大的水域，不宜采用原位覆盖处理，对于大面积深水水域则不宜采用排干就地处理。

（2）资源化利用与常规处置

淤泥从本质上来讲属于工程废弃物，按照固体废弃物处理的减量化、无害化、资源化原则，应尽可能对淤泥考虑资源化利用。从广义上讲，只要是能将废弃淤泥重新进行利用的方法都属于资源化利用，例如利用淤泥制砖瓦、陶粒以及固化、干化、土壤化等方法都属于淤泥再生资源化技术。而农村地区可将没有重金属污染但氮、磷含量比较丰富的淤泥进行还田，成为农田中的土壤，或者将这种淤泥在洼地堆放后作为农用土地进行利用。当然在堆场堆放以后如果能够自然干化，满足人及轻型设备在表面作业所要求的承载力的话，作为公园、绿地甚至市政、建筑用地都是可以的。利用淤泥的资源化利用技术是很多发达国家常采用的处理方法。

当淤泥中含有某些特殊污染物如重金属或某些高分子难降解有机污染物而无法去除，进行资源化利用会造成二次污染时，就需要对其进行一步到位的处置，即采用措施降低其生物毒性后进行安全填埋，并须相应做好填埋场的防渗设置。

2. 污染淤泥的钝化处理技术

工业发达地区的河道淤泥中重金属污染物往往超标，通常意义上的污染淤泥多指淤泥中的重金属污染，例如上海苏州河的淤泥中重金属比当地背景值高出两倍以上，对此类重金属超标的淤泥，可以采用钝化处理技术。钝化处理是根据淤泥中的重金属在不同的环境中具有不同的活性状态，添加相应的化学材料，使淤泥中不稳定态的重金属转化为稳定态的重金属，从而减小重金属的活性，达到降低污染的目的。同时，添加的化学材料和淤泥发生化学反应会产生一些具有对重金属物理包裹的物质，可以降低重金属的浸出性，从而进一步降低重金属的释放和危害。钝化后重金属的浸出量小于相关标准要求之后，这种淤泥可以在低洼地处置，也可作为填土材料进行利用。

3. 堆场淤泥处置技术

清淤工程中通常设置淤泥堆场，堆场处理技术就是从初始的吹填阶段开始，采用系列的处理措施快速促沉、快速固结，并结合表层处理技术，将淤泥堆场周转使用或者使淤泥堆场快速复耕。

堆场周转技术目的是减小堆场数量和占地，堆场表层处理技术为后续施工提供操作平台，而堆场的快速复耕技术则是通过系列技术的结合使淤泥堆场快速还原为耕地。

（1）堆场周转使用技术

堆场周转使用技术是指通过技术措施快速处理堆场中的淤泥，清空以后重新吹淤使用，如此反复达到堆场循环利用的目的。堆场周转技术改变了以前的大堆场、大容量的设计方法，而采用小堆场、高效周转的理念，特别适合于土地资源紧缺的东部地区。堆场周转技术的设计主要考虑需要处理的淤泥总量、堆场的容量、周转周期和周转次数等，该技术通常可以和固化或者干化技术相结合，就地采用固化淤泥或干化淤泥作为堆场围堰，同时也可以对堆场内的淤泥进行快速资源化利用。

（2）堆场表层处理技术

清淤泥浆的初始含水率一般在80%以上，而淤泥的颗粒极细小，黏粒含量都在20%以上，这使得泥浆在堆场中沉积速度非常缓慢，固结时间很长。吹淤后的淤泥堆场在落淤后的两三年时间内只能在表面形成厚20cm左右的天然硬壳层，而下部仍然为流态的淤泥，含水率仍在1.5倍液限以上，进行普通的地基处理难度很大。堆场表层处理技术则是利用淤泥堆场原位固化处理技术，人为地在淤泥堆场表面快速形成一层人工硬壳层，人工硬壳层具有一定的强度和刚度，满足小型机械的施工要求，可以进行排水板铺设和堆载施工，从而方便对堆场进行进一步的处理。人工硬壳层的设计是表层处理技术的关键，主要考虑后续施工的要求，结合下部淤泥的性质，通过试验和模拟确定硬壳层的强度参数和设计厚度，人工硬壳层技术又往往和淤泥固化技术相结合形成固化淤泥人工硬壳层，也可以利用聚苯乙烯泡沫塑料（EPS）颗粒形成轻质人工硬壳层，这样效果更佳。

（3）堆场快速复耕技术

堆场快速复耕技术主要包括泥水快速分离技术、人工硬壳层技术和透气真空快速固结技术。

泥水快速分离技术是指首先在吹淤过程中添加改良黏土颗粒胶体离子特性的促沉材料，促使固体土颗粒和水快速分离并增加沉降淤泥的密度，在堆场中设置具有截留和吸附作用的排水膜以进一步提高疏浚泥浆沉降速度，同时可利用隔墙增加流程和改变流态，从而达到疏浚泥浆、快速密实沉积的效果。透气真空快速固结技术则是通过人工硬壳层施工平台，在淤泥堆场中插设排水板或设置砂井，然后在硬壳层上面铺设砂垫层，砂垫层和排水板搭接，其上覆盖不透水的密封膜与大气隔绝，通过埋设于砂垫层中带有滤水管的分布管道，用射流泵进行抽气抽水，孔隙水排出的过程使有效应力增大，从而提高堆场淤泥的强度，达到快速固结的目的。透气真空快速固结技术和常规的堆载预压技术结合在一起可以达到更理想的效果。

对于部分淤泥堆场来说，由于堆存的淤泥较深，若将整个淤泥堆场的淤泥处理完以满足复耕的要求，投资较大，同时对于堆场复耕来说，对承载力要求相对较低，因此基于堆场表层处理的复耕技术在堆放淤泥较深的堆场经常被使用。通过淤泥堆场原位固化处理技术，将淤泥堆场表层（80 ~ 120 cm）淤泥进行固化处理，处理完成后再对表层的固化土进行土壤化改良，以满足植物种植的要求。

4. 淤泥资源化利用技术

上面阐述的淤泥固化、干化、土壤化等各种能把废弃淤泥变为资源重新进行使用的技术都属于淤泥的资源化利用范畴。此外，淤泥资源化利用技术还包括把淤泥制成砖瓦的热处理方法。热处理方法是通过加热、烧结将淤泥转化为建筑材料，按照原理的差异又可以分为烧结和熔融。烧结是通过加热到 800 ~ 1 200℃，使淤泥脱水、有机成分分解、粒子之间黏结，如果淤泥的含水率适宜，则可以用来制砖或水泥。熔融则是通过加热到 1200 ~ 1 500℃使淤泥脱水、有机成分分解、无机矿物熔化，熔浆通过冷却处理可以制作成陶粒。热处理技术已经比较成熟，国外和国内的不少学者都进行过相关研究。热处理技术的特点是产品的附加值高，但热处理技术能够处理的淤泥量非常有限，比如普通制砖厂 1 年大概能消耗淤泥 5 万 m^3，不能满足目前我国疏浚淤泥动辄上百万立方米发生量的处理需求，从淤泥的大规模产业化处理前景来讲，固化、干化、土壤化的淤泥资源化利用技术是具有生命力的，若与堆场处理技术相结合则更能显示出其效益。

（三）清淤及淤泥处理处置技术的发展方向

随着社会的发展，对生态环境保护的重视，越来越多的城市和农村河道将进行清淤和疏浚工程，清淤产生的大量淤泥占用大面积堆场，因此对清淤技术和淤泥处理处置技术提出了新的要求。

最新的清淤技术目前有以下几种：

1. 高浓度原位环保清淤方法

目前常用的环保清淤方法清出的淤泥浓度在 15% ~ 20%，水分子的体积要远大于土颗粒的体积，清淤泥浆的体积为颗粒的 4 ~ 5 倍。这些高含水泥浆往往需要较大的堆场进行放置，很多清淤工程因为堆场场地的问题而受到严重制约。高浓度原位环保清淤能够降低清淤过程中泥浆的增容率，在中间输送过程中可以使泥浆含水率降低，将淤泥直接变成可以用于填土的材料。因此，为了节省占地和降低整个清淤和淤泥处理的成本，高浓度原位环保清淤技术已经成为未来的发展趋势。

2. 堆场淤泥快速排水技术

目前大多数内河清淤的淤泥都在堆场中堆放。淤泥堆场经过地基处理，在解决其长期沼泽化状态的问题后，可作为建设、景观、农田利用的土地。而这一地基处理过程就是淤泥固结排水的过程。淤泥黏粒含量高、透水性差，在自重作用下的固结时间长，自重固结后的强度低。淤泥的快速排水固结问题成为一个亟待解决的问题。软黏土地基使用的真空预压法和堆载预压法，对于淤泥往往难以发挥出良好的效果。淤泥含水率极高，处于流动状态，颗粒之间的有效应力非常低，在高压抽真空的状态下淤泥颗粒会和间隙水一起流动，从而使排水板出现淤堵而无法排水。如何解决排水系统的淤堵问题成为淤泥快速排水的关键。堆场淤泥快速排水技术是在淤泥内铺设多层多排水平排水通道，其层间距、排间距都在 60 ~ 80cm，以形成高密度泥下排水网，将该管网与地面密封的水平排水管密封连接，再与射流排水装置连接后抽气抽水，可加快淤泥的排水速度。目前这一技术开发和其中的关键问题尚处于探索的初期阶段。

二、河道护岸衬砌技术

（一）浆砌石护坡

1. 应用浆砌石护坡的总体要求

砌筑前，应在砌体外将石料上的泥垢冲洗干净，砌筑时保持砌石表面湿润，应采用坐浆法分层砌筑，铺浆厚宜 3 ~ 5cm，随铺浆随砌石。砌缝须用砂浆填充饱满，不得无浆直接贴靠，砌缝内砂浆应采用扁铁插捣密实；严禁先堆砌石块再用砂浆灌缝，上下层砌石应错缝砌筑；砌体外露面应平整美观，外露面上的砌缝应预留约4cm深的空隙，以备勾缝处理；水平缝宽应不大于2.5cm，竖缝宽应不大于4cm；砌筑因故停顿，砂浆已超过初凝时间，应待砂浆强度达到2.5MPa后才可继续施工；在继续砌筑前，应将原砌体表面的浮渣清除掉；砌筑时，应避免震动下层砌体。勾缝前，必须清缝，用水冲净并保持槽内湿润，砂浆应分次向缝内填塞密实；勾缝砂浆标号应高于砌体砂浆；应按实有砌缝勾平缝，严禁勾假缝、凸缝；砌筑完毕后，应保持砌体表面湿润并做好养护。

2.应用浆砌石护坡的砌筑方法

浆砌石护坡施工有两种方法，一是灌浆法，二是坐浆法。

灌浆法的操作过程是：沿子石砌好，腹石用大石排紧，小石塞严，将灰浆往石缝中浇灌，直至把石缝填满为止。这种方法操作简单、方便，灌浆速度快、效率高，但由于灌浆法不能保证施工质量，目前已经不再采用。

坐浆法的操作过程是：在基础开砌前，将基础表面泥土、石片及其他杂质清除干净，以免结合不牢。铺放第一层石块时，所有石块都必须大面朝下放稳，用脚踏踩不动为止。大石块下面不能用小块石头支垫，使石面能直接与土面接触。填放腹石时，应根据石块自然形状，交错放置，尽量使块石与石块间的空隙最小，然后将按规定拌好的砂浆填在空隙中，基本上做到大孔用大块石填、小孔用小石填，在灰缝中尽量用小片石或碎石填塞以节约灰浆，挤入的小块石不要高于砌的石面，也不必用灰浆找平。

3.影响砌石质量的因素

浆砌石护坡工程项目管理中的质量控制主要表现为施工组织和施工现场的质量控制，控制的内容包括工艺质量控制和产品质量控制，影响质量控制的因素主要有人、材料、机械、方法和环境五大方面。

首先，应增强施工者的质量意识，施工人员应当树立质量第一的观念、预控为主的观念、用数据说话的观念以及社会效益、质量、成本、工期相结合综合效益的观念。

石料是工程施工的物质条件，是工程质量的基础，石料质量不符合要求，工程质量也就不可能符合标准，所以加强石料的质量控制，是提高工程质量的重要保证。施工过程中的方法包含整个建设周期内所采取的技术方案、工艺流程、组织措施、检测手段、施工组织设计等。施工方案正确与否，直接影响工程质量控制。现实中往往由于施工方案考虑不周而拖延进度、影响质量、增加投资。为此，制订和审核施工方案时，必须结合工程实际，从技术、管理、工艺、组织、操作、经济等方面进行全面分析、综合考虑，力求方案技术可行、经济合理、工艺先进、措施得力、操作方便，以提高质量、加快进度、降低成本。

施工阶段必须综合考虑施工现场条件、建筑结构形式、施工工艺和方法、建筑技术经济等，合理选择机械的类型和性能参数，合理使用机械设备，正确进行操作。操作人员必须认真执行各项规章制度，严格遵守操作规程，并加强对施工机械的维修、保养和管理。

影响工程质量的环境因素较多，有工程地质、水文、气象、噪声、通风、振动、照明、污染等。环境因素对工程质量的影响具有复杂而多变的特点，如气象条件就变化万千，温度、湿度、大风、暴雨、酷暑、严寒都直接影响工程质量，往往前一工序就是后一工序的环境，前一分项、分部工程也就是后一分项、分部工程的环境。因此，根据工程特点和具体条件，应对影响质量的环境因素，采取有效的措施严加控制。此外，冬雨期、炎热季节、风季施工时，还应针对工程的特点，尤其是混凝土工程、土方工程、水下工程及高空作业等，拟定季节性保证施工质量的有效措施，以免工程质量受到冻害、干裂、冲刷等危害。同时，要不断改善施工现场的环境，尽可能减少施工所产生的危害对环境的污染，健全施工现场管理制度，实行文明施工。

（二）浆砌石挡墙

1. 浆砌石挡墙的优缺点

采用浆砌石挡墙的优点是：具有一定的整体性和防渗性能，能充分利用当地材料和劳力，便于施工组织，便于野外施工。其缺点是：由于全由人工进行砌筑，施工进度慢，施工质量难以控制，尤其是砂浆不易饱满密实，难以达到规范要求。

2. 浆砌石挡墙的砌筑方法

（1）一般要求

砂浆必须有试验配合比，强度须满足设计要求，且应有试块试验报告，试块应在砌筑现场随机制取。

砌筑前，应在砌体外将石料上的泥垢冲洗干净，砌筑时保持砌石表面湿润。

砌筑因故停顿，砂浆已超过初凝时间，应待砂浆强度达到 2.5 MPa 后才可继续施工；在继续砌筑前，应将原砌体表面的浮渣清除掉；砌筑时，应避免震动下层砌体。

砌石体应采用铺浆法砌筑，砂灰浆厚度应为 20 ~ 30 mm，当气温变化时，应适当调整。

采用浆砌法砌筑的砌石体转角处和交接处应同时砌筑，对不同时砌筑的面，必须留置临时间断处，并应砌成斜槎。

砌石体尺寸和位置的允许偏差，不应超过有关规定。

（2）块石砌体

砌筑墙体的第一块石块应坐浆，且将大面朝下。

砌体应分皮卧砌，并应上下错缝、内外搭砌，不得采用外面侧立石块、中间填心的砌筑方法。

砌体的灰缝厚度应为 20 ~ 30 mm，砂浆应饱满，石块间较大的空隙应先填塞砂浆，后用碎块或片石嵌实，不得采用先摆碎石块后填砂浆或干填碎石块的施工方法，石块间不应相互接触。

砌体第一块及转角处、交接处和洞口处应选用较大的石料砌筑。

石墙必须设置拉结石。拉结石必须均匀分布、相互错开，一般每 0.7m² 墙面至少应设置一块，且同皮内的中距不应大于 2m。

拉结石的长度，若其墙厚等于或小于 400mm，应等于墙厚；墙厚大于 400mm 时，可用两块拉结石内外搭接，搭接长度不应小于 150 nun，且其中一块长度不应小于墙厚的 2/3，砌体每日的砌筑高度，不应超过 1.2m。

（三）干垒砖挡墙

1. 干垒砖挡墙施工特点

干垒挡墙跟传统的加筋支护结构相比，施工方面具有非常大的优越性，可以成倍地提高施工进度以及工程质量，三四个比较熟练的工人一天能施工 20 ~ 40m² 的墙（包含所有的施工工序）。这种施工上的方便快捷主要反映在以下几方面：干垒挡墙在施工时，一层层挡土块直接码上去，无须用砂浆砌筑和锚栓。挡土块独特的后缘结构确保每块位置准确，整个墙体整齐，块体尺寸、形状统一，摆放时只要上下错缝即可，无须特别注意块体的摆放位置。对基础的要求较低，基础开挖量一般比其他形式的挡墙少并无须特别处理。正常情况下，只要保证地基土有足够的密实度并设置 ≥ 150 mm 的夯实好的级配碎石或素混凝土垫层即可。

2. 干垒砖挡墙结构特点及安全性

由于层与层之间无砂浆或其他固结措施，墙本身坐落在柔性骨料基础上，所以干垒砖挡墙是柔性结构，块体可以自由移动或调整相互位置，对小规模基础沉陷或遇到短暂的非常荷载组合（如地震、高地下水位等）时具有相当高的适应能力。除此之外，干垒砖挡墙的高度的安全性可以由以下几方面来保证：干垒砖墙体与回填土经过加筋网片（一般为编织的土工格栅）的作用成为一个整体来承担外部土压力，相当于一个重力式挡土墙。干垒砖墙体由于每块后缘槽口的存在自然形成 10.6° 或 12° 的坡度，这使墙体重心偏内，增加其在土压力作用下的抗倾覆能力。干垒砖挡墙采用比较保守的设计方法使挡土墙设计、施工方案保证墙体在设计荷载下不会发生滑移、倾覆失稳或滑坡等任何形式的安全问题。

（四）六棱形生态砖

生态砖是指对于绿化混凝土的小型防护构件等的称谓，或者是指运用某些回收的材料制成的建筑中用的小型建材。生态砖的品种较多，主要有护坡砖、空心砌砖、植草砖等。生态砖是新时期研制出的一种绿色环保的建材产品，质量可与天然石材媲美，同时也克服了天然石材在纹理、防污等方面的某些缺陷，而且利于环境，减少对于天然资源的使用及浪费。可以说，生态砖是一种当代理想的生态建材，对于维护环境生态、保护资源等具有重要作用。

六棱形生态砖是一种正六边形的生态砖，单砖自重达到 40kg，边长 30 cm，砖块外沿厚度达 10cm 左右，有效孔径达到 2cm 以上，孔隙率则在 30% 以上，可绿化的面积在整砖面积的 80% 以上，等等。总体而言，六棱形生态砖具有破损小、脱模快、植被适应性能好及防护的可靠率高等优势。

六棱形生态砖具有以下技术效果和特点：

第一，抗冲性能稳定而可靠。六棱形生态砖严格遵循并符合《堤防工程设计规范》的要求，在河道整治中运用，能很好地保障河堤的抗冲性，利于排洪、泄洪，预防洪涝的侵袭，可以说，完全具有天然石材所具备的性能。

第二，植物适应性能好。在河道整治中，不仅要求传统意义的价值，还应满足生态环境保护的要求，其中植被的保护尤为重要，即实现建材防护河堤的同时尽量实现植被的覆盖，这也是对于涵养水源、水土保持等生态效益的考量。六棱形生态砖在孔隙中充灌的植物生长材料如角蛋白类物质等，可有效避免对植物细胞形成的渗透损害，有效的孔径可作为测量植物生长情况的参数，进而合理调节水泥用量等，总之，诸类植物可以很好地在生态砖上生存。

第三，实现生态修复的良好效果。该生态砖吸取拟自然的生态修复理论，在实际工程中，根据人类的实际需求，在充分认识、遵循自然生态规律基础上，对自然界进行模拟再现。在生态砖的铺设与构造中，我们可以看到，它模拟的便是"母质层、基质层、植物层"这一自然生态系统的构成，进而使得整治后的河道不仅能保障安全，还可以实现生态环境和谐。

（五）格宾石笼挡墙

格宾石笼挡墙以低碳钢丝为基本材质，具有很好的耐腐蚀与抗磨损能力。格宾网箱由间隔 1 m 的隔板（双绞合六边形金属网片）分成若干单元格，施工中将石块装入笼中封口。它是一种柔性结构物，能够适应地基的轻微变形。墙面可以自然透水，利于填土中地下水排出，保证了结构长期稳定，墙面有较好的刚度，不存在"鼓肚"现象。施工工艺简便易学，在短时间内可以让多数人掌握，易于工法的推广。机械设备消耗少。格宾石笼在工厂中制成半成品，在施工现场进行组装，所需机械设备种类少且常见，便于施工管理。易实现质量控制，对地基基础要求不高且完工后石笼稳定性强，便于质量控制。无污染，生态环保。可实现水土自然交换，增强水体自净能力，同时又可以实现墙面植被绿化，使工程建筑与生态环境保护有机结合。

格宾石笼挡墙可用于边坡支护、基坑支护以及江河、堤坝及海塘的防冲刷保护，尤其适合景观河道险工的治理。控制和引导河流及洪水，可对河岸或河床起到永久性的有效保护。

第三节　村屯河道标准化治理模式

一、防蚀模式

（一）浆砌石护坡技术

浆砌石护坡技术的工程措施是采用 M10 浆砌石对河道两岸岸坡进行衬砌，未采取植草护坡等生态措施。块石间利用砂浆黏结，沿长度方向须设置沉降缝，整体性差；抗压强度高，但受地基条件限制，易产生位移；当地基变形和受到超设计侧向外力时，容易产生垮塌等破坏，柔性很差；墙体需要设计排水孔，受地表水和地下水影响大，易产生破坏，透水性差；受施工质量和地基条件限制，耐久性好；墙体表面无法生长植被，对生态环境不利；要求有一定的施工技术水平；对块石强度、形状、大小要求高；破坏后难维修；工程造价较高。

1. 浆砌石挡墙 – 护坡技术

浆砌石挡墙 - 护坡技术适用于河道邻近道路，场地较开阔，水流速度较快，冲刷较严重，内堤脚淘刷严重的村屯河道治理。

2. 浆砌石护坡 – 护底技术

浆砌石护坡 - 护底技术适用于河道两侧为道路，离居民建筑近，场地受限，水流速度较快，河底淘刷严重，河道断面淤积严重，水质很差，堆满生活垃圾和污水的村屯河道治理。

3. 浆砌石护坡 – 护脚技术

浆砌石护坡 - 护脚技术适用于河道穿越村屯，场地受限，水流速度快，冲刷严重的村屯河道治理。

（二）格宾石笼护坡 – 护脚技术

格宾石笼护坡 - 护脚技术适用于河道边坡时而陡峭时而平缓，一侧岸顶有公路，常过重型车辆，一侧有居民建筑及学校，生活污水排放，河道污染严重，水质较差，且边坡淘刷侵蚀严重的村屯河道治理。

格宾石笼护坡 - 护脚技术的工程措施是采用格宾石笼对河道两侧边坡及河槽底部进行防护，未采取植草护坡等生态措施。格宾石笼利用防腐处理的钢丝经机编六角网双绞合网制作成长方形箱体，箱体内填装石料，分层堆砌，各箱体用扎丝连接，整体性好；抗压强度高，箱体内填石在外力作用下，受箱体的限制，填石间越加密实；当地基变形和受到超设计侧向外力时，能够很好地适应地基变形，不会削弱整个结构，不易产生垮塌、断裂等破坏，柔性很好；墙体不需要设计排水孔，受地表水和地下水的影响小，不易产生破坏，透水性好；受施工质量和地基条件限制，耐久性好；墙体内可以由里而外地产生植被生长层，也可以在墙体内利用植生袋加快墙体绿化，对生态环境有利；对块石强度、形状、大小要求一般；破坏后易维修，工程造价适中。

（三）干垒砖护坡技术

干垒砖护坡技术适用于坡面较缓，水流速度慢，受水流冲刷较轻的村屯河道治理。

干垒砖护坡技术的工程措施是采用干垒砖对河道两侧边坡进行防护，未采取植草护坡等生态措施。干垒砖块石间仅靠相互咬合力维持，完整性差；抗压强度差，受压后容易垮塌；当地基变形和受到超设计侧向外力时，极易产生垮塌等破坏，无柔性；墙体不需要设计排水孔，但受地表水和地下水的影响大，易产生破坏，透水性好；受施工质量和地基条件限制，耐久性好；要求有一定的施工技术水平；对块石强度、形状、大小要求高；破坏后易维修，工程造价低。

二、防蚀 - 生态模式

（一）浆砌石挡墙 - 植生袋压顶 - 植草护坡 - 绿篱技术

浆砌石挡墙 - 植生袋压顶 - 植草护坡 - 绿篱技术适用于河道两侧为道路，场地受限，河道边坡陡，汛期水流急，冲刷较大，土地侵蚀严重的村屯河道治理。

河道内堤脚采用浆砌石挡墙，墙顶铺设植生袋，一是可以增加绿化面积，二是可起到压顶的作用。河道清淤，堤坡整形，坡面播撒草籽，对坡面进行固坡绿化。河道两侧紧邻村路，堤顶两侧栽植绿篱灌木保护带，明确河道范围，保护河道建筑完整，对沿岸居民起到提示作用。此外，河道多年淤积生活、建筑垃圾应进行清除处理。

（二）浆砌石挡墙 - 植生袋压顶 - 六棱形生态砖护坡 - 绿篱技术

浆砌石挡墙 - 植生袋压顶 - 六棱形生态砖护坡 - 绿篱技术适用于河道两侧为道路，场地受限，河道边坡陡，河床为砂质土壤，水土流失严重的村屯河道治理。

河道内堤脚采用浆砌石挡墙，墙顶铺设植生袋，一是可以增加绿化面积，二是可起到压顶的作用。河道清淤，堤坡整形，坡面采用六棱形生态砖植草护坡，防止风沙大，水土流失严重，坡顶两侧种植绿篱灌木保护带，明确河道范围，保护河道建筑完整，对沿岸居民起到提示作用。

（三）浆砌石护坡 - 护脚 - 植草护坡技术

浆砌石护坡 - 护脚 - 植草护坡技术适用于河道两侧边坡陡，水流流速大，冲刷严重的村屯河道治理。

采用浆砌石对河道两侧边坡及内堤脚进行防护，坡顶采用混凝土抹面，护坡下铺设厚砂垫层。浆砌石衬砌以上部分播撒草籽，对坡面进行固坡绿化。

（四）石笼挡墙 - 植生袋压顶 - 植草护坡 - 绿篱技术

石笼挡墙 - 植生袋压顶 - 植草护坡 - 绿篱技术适用于河道两侧边坡较缓，河槽宽，水面浅，局部淤积，坡面为土层较薄的沙土的村屯河道治理。

河道边坡采用格宾石笼防护，墙顶铺设植生袋，堤坡整形后播撒草籽进行绿化。沿线堤顶栽植绿篱灌木保护带，明确河道范围，保护河道建筑完整，对沿岸居民起到提示作用。

（五）石笼挡墙 - 植生袋压顶 - 六棱形生态砖护坡 - 绿篱技术

石笼挡墙-植生袋压顶-六棱形生态砖护坡-绿篱技术适用于河道以村为邻，边坡较缓，水面较浅，淤积严重的村屯河道治理。

河道边坡采用格宾石笼防护，墙顶铺设植生袋，堤坡整形，坡面采用六棱形生态砖植草护坡，防止风沙大，水土流失严重，坡顶两侧种植绿篱灌木保护带，明确河道范围，保护河道建筑完整，对沿岸居民起到提示作用。

三、防蚀 - 生态 - 景观模式

（一）浆砌石护坡 - 护脚 - 节点技术

浆砌石护坡 - 护脚 - 节点技术适用于河道两侧边坡陡，河床为砂质土壤，冲刷强烈，居民较近的村屯河道治理。

采用浆砌石对河道两侧边坡及内堤脚进行防护，村桥处分别设置展示牌和警示牌，在局部拦蓄水面，种植植物，布置石桌石凳，形成区域节点，垃圾倾倒严重段设置防护网进行隔离。

（二）浆砌石护坡 - 护脚 - 枯山水技术

浆砌石护坡 - 护脚 - 枯山水技术适用于居民较近，经济条件较好，旅游业发达的村屯河道治理。

采用浆砌石对河道两侧边坡及内堤脚进行防护，采用砂、石、苔等非水物质来模拟真水，用堆土、石等来模拟山或岛屿这样的无水景观。

第五章　河道生态治理与修复中的植物措施

第一节　植物措施应用基本理论与原理

一、植物措施应用理论基础

现代水利工程学、生态学、生物科学、生态工程学、环境科学、生态水工学、可持续发展的相关理论及技术是河道生态建设植物措施应用的理论和技术基础。

（一）现代水利工程学理论

水利工程学是以工程措施为技术手段对天然河流（河道）进行人为控制和改造，以满足人类物质、精神需要的学科。水利工程学的理论基础主要是水文学、水力学、地质科学、材料科学、结构科学等学科。传统水利工程在河流的控制和改造过程中仅仅注重河道的防洪、排涝、灌溉、航运等基本功能，往往对河流生态环境造成严重的负面影响，如河流的各种生态过程遭到破坏、河流水体污染严重等。因此，新时期治水思路更多地汲取生态学的众多理论，使传统水利向现代水利、资源水利、生态水利转变，确保水利工程为经济、社会的可持续发展和生态环境的可持续维护提供支撑和保障。

现代生态治河工程，首先考虑河道生态系统是一个有机的整体。生态水利不是治水阶段的更替，而是现代水利的内涵，作为水利工程建设主要内容的河道建设，必须摒弃"就水论水"的传统思维定式，融入回归自然、恢复生态、以人为本、人水相亲、与自然和谐的新理念，满足时代对水利建设提出的多样化要求。要突破以往水、山、人、文、景分离的单一做法，实现水利与景观、防洪与生态、亲水与安全的有机结合，把河道建设成绿色走廊、亲水乐园和旅游胜地，使河道建设在保证发挥防洪排涝、供水灌溉、交通航运等基本功能的同时，进一步提高对生态、自然、景观、文化的承载能力。

现代水利工程要统筹考虑其对生态与环境的影响，将水土流失治理、生态与环境建设和保护放在重要位置，在规划、勘测、设计、施工、运行管理各个阶段，优先考虑生态与环境问题，要有前瞻意识，用景观水利、生态水利的理念去建设每一个水利工程。工程设施本身的建设要在规范允许的范围内，辅之以合理的人文景观设计，充分考虑其建筑风格的观赏性，以及与周围自然景观的和谐与协调。已建水利工程可结合工程的扩建、改造、加固等机会，增强或增加水土保持、水生态与环境保护等方面的功能。此外，现代水利工程还要在保证水利工程功能正常发挥、安全运行的前提下，有效地保护水资源与水环境，促进自然环境的自我修复，使水资源得到有效涵养与恢复，最终使得每个水利工程成为一个水资源保护工程、环境美化工程、弘扬水文化的工程，促进社会的可持续发展，实现人与自然的和谐相处。

（二）生态学理论

生态学是研究有机体与其周围环境（包括生物环境和非生物环境）相互关系的科学。生物的生存、活动、繁殖需要一定的空间、物质与能量。生物在长期进化过程中，逐渐形成对周围环境某些物理条件和化学成分，如空气、光照、水分、热量和无机盐类等的特殊需要。任何生物的生存都不是孤立的：同种个体之间有互助、有竞争；植物、动物、微生物之间也存在复杂的相生相克关系。人类为满足自身的需要，不断改造环境，环境反过来又影响人类。

随着生态学的发展，人们对于河道治理产生了新的观念，认识到水利工程除了要满足人类社会的需求外，还需要与生态环境的发展需求相统一。特别是随着恢复生态学、景观生态学等分支学科的迅速发展，生态学更多新理论也不断涌现，不仅丰富了生态学的理论体系，同时许多理论也可作为河道建设的主要理论基础，指导河道生态建设。

I. 恢复生态学

恢复生态学是生态学的应用性分支，在 20 世纪 80 年代产生并迅速发展起来。恢复生态学是一门应用与理论研究紧密结合的科学，生态恢复需要人工干预，恢复过程可能是自然恢复、逼近原生生态系统或根据人类自己的需要对生态系统进行重建以达到人类的目的。恢复生态学是从生态系统层次考虑和解决问题的，是对因社会经济活动导致的退化生态系统、各类废弃地和废弃水域进行生态治理的科学技术基础。生态恢复的最终目的是恢复生态系统的健康、整体性和自我维持能力，并与大的景观融为一体，保护当地物种多样性，维持或提高经济发展的持续性，通过多种途径为人类和其他生命提供产品和服务。

基于自然演替的自我设计理论与人为设计理论构成了恢复生态学的理论基础。自我设计理论认为，只要有足够的时间，随着时间的推移，退化生态系统将根据环境条件合理地组织自我并最终改变其组分。人为设计理论认为，通过工程方法和植物重建可直接恢复退化生态系统，但恢复的类型可能是多样的。恢复生态学应用了许多学科的理论，但应用最多、最广泛的还是生态学理论。这些理论主要有：主导生态因子原理、元素的生理生态原理、种群密度制约原理、种群的空间分布格局原理、边缘效应原理、生态位原理、生物多样性原理、演替理论、缀块－廊道－基底理论等。

根据类型和强度的不同，可将人类对退化生态系统的干扰方式分为修复和改造两种，分别反映人类对自然的两种不同追求。

修复，即修复、恢复生态系统的某些功能，如发展蓄洪系统以减少洪水危害、恢复沼泽地以固定 CO_2，将使景观的局部地区作为一个整体更具自然性，但它不强调景观整体内生物多样性的增加；改造，即改造生态系统的多样性，使土地适宜于栽培，整个景观将受益于该项措施的大面积实施，但它不强调对濒危物种的保护。

2.景观生态学

景观生态学是一门新兴的、正在深入开拓和迅速发展的学科。它是研究景观单元的类型组成、空间格局及其与生态学过程相互作用的综合性学科。强调空间格局、生态学过程与尺度之间的相互作用是景观生态学研究的核心所在。

景观生态学的理论基础是整体论和系统论，但学者们对景观生态学理论体系的认识却并不完全一致。一般说来，景观生态学的基本理论至少包含以下几方面：时空尺度理论、等级理论、耗散结构与自组织理论、空间异质性与景观格局、缀块-廊道-基底理论、岛屿生物地理学理论、边缘效应与生态交错带、复合种群理论、景观连接度与渗透理论等。

时空尺度理论：在景观生态学中，引入了时空尺度理论。尺度一般是指对某一研究对象或现象在空间上或时间上的量度，分别称为空间尺度和时间尺度。此外，组织尺度的概念，即在由生态学组织层次（如个体、种群、群落、生态系统、景观）组成的等级系统中的位置，也广为使用。河道生态建设是综合性科学，应加强各学科之间的合作与交流，同时也需要在措施实施后进行长期监测，以及进行大尺度（遥感和地理信息系统）上的定量研究。

缀块-廊道-基底理论：组成景观的结构单元有缀块、廊道和基底三种。缀块泛指与周围环境在外貌或性质上不同，但又具有一定内部均质性的空间部分。这种所谓的内部均质性，是相对于其周围环境而言的。具体地讲，缀块包括植物群落、湖泊、草原、农田、居民区等，因而其大小、类型、形状、边界以及内部均质程度都会显现出很大的不同。廊道是指景观中与相邻两边环境不同的线性或带状结构。常见的廊道包括农田间的防风林带、河流、道路、峡谷和输电线路等。廊道类型的多样性，导致了其结构和功能方法的多样化。其重要结构特征包括：宽度、组成内容、内部环境、形状、连续性以及与周围缀块或基底的作用关系。廊道常常相互交叉形成网络，使廊道与缀块和基底的相互作用复杂化。基底是指景观中分布最广、连续性也最大的背景结构，常见的有森林基底、草原基底、农田基底、城市用地基底等。在许多景观中，其总体动态常常受基底所支配。缀块-廊道-基底理论有助于全面理解河道生态建设。河道作为基底景观中的廊道，其功能（如水体自净能力）的发挥常常受基底（如农田化学肥料的输入）影响，而河岸植物的水土保持、水质净化功能的发挥也会因河道岸边缀块类型的差异而变化。

（三）生物科学理论

生物科学是一门以实验为基础、研究生命活动规律的科学。它是当今世界最为活跃的科技领域之一，已经成为自然科学的带头学科，对医学、工农业生产技术发展、生态学，乃至社会学、环境学都产生了极其深刻的影响。21世纪以来的短短几年时间里，科学领域的最尖端技术和发现有一半以上属于生物科学及相关领域。生物科学在解决人类社会所面临的人口、环境、资源、能源和粮食五大危机等问题上将发挥其不可替代的重要作用。

生物科学中的一些理论为河道生态建设提供了基础，特别是植物生物学。植物的形态、结构、生长、发育、遗传、变异等有关理论与河道建设植物措施的应用密切相关。例如：环境因子（水分、CO_2、O_2、温度、光、热、无机盐等）能对植物的生长、发育和分布产生直接或间接的影响。在河道生态建设中，选择河道植物需要考虑植物耐水、耐湿特点，因为水分是一个最为关键的环境因子；而沿海地区，较高的盐碱度则成为许多植物生长的限制因子；随着现代科技的发展，可以借助生物工程技术，利用优良基因改造，培育新品种，使更多的植物种类适宜于河道生态建设。

（四）生态工程学理论

生态工程学是从系统思想出发，按照生态学、经济学和工程学的原理，将现代科学技术成果、现代管理手段和专业技术经验结合起来，以期获得较高的经济、社会、生态效益的工程学科。生态工程的方法首先在河流、湖泊、池塘、湿地、浅滩等水域的净化技术中得到应用，故可认为生态工程学是以生态系统为基础，以食物链为纽带，从低等生物的藻类、细菌到原生动物及微小后生动物，以及鱼类、鸟类，为它们在水域、陆域、湿地等环境的生态场所提供有机性的连接功能，并用工程学的方法予以控制。在提高生物的生产、分解、吸收、净化等机能的同时，还要提高其工作效率，从而实现对环境的保护及修复。生态工程是以生态学，特别是生态控制论为基础，应用多种自然科学、技术科学、社会科学，并相互交叉渗透的一门学科。在技术方面，大多数生态工程不是高新技术，而主要是一些常规、适用技术，包括农、林、牧、副、渔、工等多种技术。

1. 在污染防治或生态恢复过程中，尤其注意限制因子

该原理可以指导河道植物种类选择。在河道生态恢复中，对于受富营养化污染的内陆河道需要选择对磷去除效果好的植物种类，而沿海河道则需要选择除氮能力强的植物，因为沿海地区水体的富营养化主要是由氮含量高引起的。

2. 生态系统有一定的动态平衡能力，在一定程度上能够消除和降低许多外部干扰

如在河道岸坡构建的植物群落能够有效抵挡暴雨直接击打岸坡，吸收雨滴能量，降低、均化坡面径流，从而减少水土流失。但是，如果河道堤岸不稳定，在遭受洪水纵向冲刷、坡面径流横向冲刷时，可能会引起整个堤岸坍塌。因此，生态系统的动态平衡是有限的，一旦超出阈值，系统可能出现崩溃。河道是一个生态系统，河道堤岸是河道生态系统的重要组分，必须在保证河道堤岸整体稳定的前提下，采用植物措施技术进行护岸护坡，才能取得良好的固土护坡、增强河道堤岸稳定性的效果。

3. 生态系统是自组织系统

人们对自然的自组织功能了解越深入，维持系统的能量成本就越低。要使河岸不发生水土流失，就应避免土壤裸露。河道生态系统越接近自然生态系统，系统的自组织能力就越强，并且具有更广泛的能量交换，这是因为自组织调节为系统提供了更多组分，更有利于物质循环。

4. 在环境管理中，生态过程具有时空特征

环境管理可以被认为是维持生物多样性的一种空间模式。河道"三化"现象违背这条原理，"硬化"河道阻断水体与土壤之间的物质能量交换，导致河道水质恶化。河岸采用植物防护，可以保持河道横向的连通性，起到净化水质、提高水体自净能力的作用。

5. 生物多样性有益于维持生态系统的自组织功能

生物多样性和化学组分多样性对维持生态系统的缓冲功能，以及生态系统的自组织功能都起着很重要的作用。植物混交在很大程度上提高了产量并增强了对诸如食草害虫的抵抗力。在河道生态建设中意味着需要选择较多的植物种类，以及采用乔、灌、草搭配的立体种植方式。

生态系统的稳定性与生物多样性之间的关系非常复杂。物种越丰富的系统越容易丧失一些特征物种，从而改变系统的特征，因此物种多样性对生态系统缓冲功能变异的影响，要比对生态系统缓冲功能大小的影响更显著。

6. 生态交错区（过渡带）对生态系统非常重要，如同细胞的细胞膜一样

生态工程应该重视过渡带的重要性。自然界形成两个生态系统之间演变的过渡带，生态过渡带可以被认为是缓冲带，它能够抵御来自相邻生态系统的不良影响。当设计人工生态系统和自然之间的界面时，应当学会了解自然和遵循自然。如果河道和自然生态系统之间没有缓冲带，污染物将会直接进入河流生态系统。如果河岸植被受到破坏或者裸露，河岸缓冲带的作用就会大大降低，部分污染物会直接进入河道而产生副作用。

7. 尽可能利用相连接的生态系统

任何生态系统都不是孤立的，而是开放的，因为系统的维持需要外部能量的不断输入，河流生态系统也不例外。但是传统水利工程将河道"三化"，弱化了河道与岸坡、河床之间的联系，致使河道水体自净能力下降，水体污染加剧。植物措施技术可将河道水体与河岸植被有机联系起来，构建完整的河道生态系统，提高水体自净能力。

8. 生态系统的各组分是相互联系、相互作用的

生态系统形成了一个网络体系，所以无论是直接的或间接的影响，都很重要。生态系统是一个各种因子相互作用的整体，任何外部因素对生态系统某个因子的影响都会直接或间接影响到生态系统，即整个生态系统将因此发生变化。研究证实间接影响一般比直接影响更为重要。生态技术应该考虑这些间接影响因素，管理者仅仅考虑直接影响因素往往导致工程不成功。

构建湿地不仅可以清除生活污水、农业废弃物，也可以增加水生啮齿动物、鸭鹅以及其他动物的数量。但是，在湿地周围修筑堤坝或硬质护岸，会致使水生啮齿动物因失去生态环境而绝迹，同时鸭鹅等水禽因免遭啮齿动物天敌的侵害而过度繁衍。

9. 生态系统和物种在其地理分布边缘都是最脆弱的

在生态系统的恢复或重建过程中，应当利用生态系统和物种最适分布区域的优势及其生物学特征。当生态工程应用于生态系统时，如果生物种处于其环境允许值范围的中间状态，系统将会增强缓冲功能。这条原理指出：河道生态建设中，植物种类的选择应该在其适宜分布范围内，南方的一些植物可能不适宜北方地区。

10. 生态系统是等级系统，同时也是较大景观的组分

保持生态系统各个组分的稳定性是非常重要的，由它们组成景观多样性，诸如隔离带、湿地、海岸线、生态过渡带等。它们对整个景观的缓冲功能起重要的作用。河道生态建设中植物群落的构建应遵循这一原理，因为构建复杂乔、灌、草结构就好比形成更多的组分，即等级结构。

（五）可持续发展理论

可持续发展是 21 世纪国际社会普遍关注的一个世界性的研究课题，其定义来自世界环境与发展委员会（WCED）于 1987 年 4 月发表的《我们共同的未来》：满足当代人的需求，又不损害子孙后代满足其需求能力的发展。中国学者将可持续发展定义为：可持续发展就是综合控制经济、社会和自然三维结构的复合系统，以期实现世世代代的经济繁荣、社会公平和生态安全。可持续发展理论包括以下几部分内容：

1. 经济可持续发展

由于可持续发展的最终目标是不断满足人类的需求与愿望，因此保持经济的持续发展是可持续发展的核心内容。发展经济，改善人类的生活质量是人类的目标，也是可持续发展的目标。

2. 社会可持续发展

社会可持续发展的核心是社会进步。因此，提高全民族的可持续发展意识，认识人类生产活动可能对人类生存环境造成的影响，提高人们对当今社会及后代的责任感，增强可持续发展的能力，也是实现可持续发展不可缺少的社会条件。

3. 资源可持续利用

资源问题是可持续发展的中心问题，而可持续发展的核心是要保护人类生存和发展所必需的资源基础。在开发利用的同时，对可更新资源，要限制在其承载力的限度内，同时采用人工措施促进可更新资源的再生产；对不可再生资源，要提高其利用率，积极开辟新的替代资源途径，并尽可能减少对不可再生资源的消耗。

4. 环境可持续维护

可持续发展与环境密不可分，并把环境建设作为实现可持续发展的重要内容和衡量发展质量、发展水平的主要标志之一。正是由于环境问题，人类才反思过去，才有可持续发展概念的出现。没有良好的环境做保障，就不能实现可持续发展。

可持续发展理论为河道生态建设中植物措施有效应用提供指导思想。水是人类生存和发展不可替代的自然资源，正确处理包括水在内的环境资源与人类的关系，使人与水、人与自然和谐发展，实现环境的可持续发展，是实现经济和社会可持续发展的基础。河道是水资源的主要载体，也是影响区域生态环境的主要因素。从可持续发展的角度出发，合理、经济、有效地改善河道水质是当今面临的一个重大课题。高能耗的污染整治措施虽然在特定时期、特定场所中可取得较好的效果，但其对环境资源的高消耗不符合可持续发展的思想。因此，它并不是现今河道整治的长效措施，不能达到整治的最终目标，只能是整治过程中某段时期的过渡性或暂时性措施。植物措施技术应用在河道生态建设中是遵循可持续发展理论的，主要体现在河道的安全度、河道生态水环境的舒适度、河道供水能力、河道景观等方面。通过植物措施技术构建一个可自养的、无须外加物耗和能耗的、可内部循环的、可持续发展的、平衡的水生态系统，并在此基础上构建一个具有多种功能，且各种功能之间相互作用、相互促进，共同实现可持续发展的河道滨水区，最终实现环境、经济、社会、资源的可持续发展，人与自然的和谐发展。

（六）环境科学理论

20 世纪 60 年代末期，人们认为环境问题仅仅是工业排放污染物引起的疾病问题，而不包括生态平衡和自然资源保护等问题。20 世纪 80 年代初，人们提出环境科学就是在科学整体化过程中，以生态学和地球化学的理论和方法作为主要依据，充分运用化学、生物学、地学、物理学、数学、医学、工程学，以及社会学、经济学、法学、管理学等各学科的知识，对人类活动引起的环境变化，包括环境污染和生态破坏，对人类的影响及控制途径进行系统的综合研究。可以说环境科学是在其他学科理论的基础上，人们认识到环境问题的严重性后，通过大量的调查研究而逐步形成的一门综合性的、跨学科的交叉学科体系。没有理论与实践的紧密结合，也就没有环境科学，环境科学也就不可能在短短几十年的过程中发展完善并成为具有科学性、综合性、整体性的学科体系。

采用植物措施应用技术进行河道生态建设的目的是增加河岸带生态系统生物多样性和稳定性，提高水体质量，最终实现"水清、流畅、岸绿、景美"的河道建设总目标。

（七）生态水工学理论

随着生态学、环境科学、现代水利工程学的发展，人们认识到传统水利工程的不足，因此研究人员提出生态水工学的定义。生态水工学即生态水利工程学，作为水利工程学的一个新的分支，是研究水利工程在满足人类社会需求的同时，兼顾淡水生态系统健康与可持续性需求的原理与技术方法的工程学。

生态水工学是水利工程学的分支学科，在水利工程学的基础上更多地吸收了生态学的相关理论和方法，结合可持续发展理论，促进水利工程学与生态学的交叉融合，用以改进和完善水利工程的规划、设计和管理的理论和方法。生态水工学的目标是在满足水利工程主导功能要求的前提下，维护河流生态系统的生命活力，控制、减小水利工程对河流生态系统的负面影响。

"以人为本"应体现在"以人的长远利益为本，以人类群体利益为本"。不考虑自然界生存发展自然规律、以小范围小群体的一时利益为中心的做法，是对"以人为本"的曲解，将损害自然，最终将损害人类自身利益。从传统水利工程学到生态水利工程学，是从忽视自然、"以人为本"的理念，到"尊重自然、以人为本、人与自然和谐相处"理念的进步与升华，是生态文明建设的必然选择。

二、植物措施应用基本原理

关于利用植物措施应用技术进行河道生态建设的基本原理目前没有相关论述，但是生态恢复与重建的相关生态学原理可以作为植物措施应用技术的原理。目前，有关恢复与重建的科学术语很多，如修复、改造或改良、改进、修补、更新和再植等，这些术语从不同角度反映了恢复与重建的基本意图。所谓生态恢复与重建是指根据生态学原理，通过一定的生物、生态以及工程的技术与方法，人为地改变和切断生态系统退化的主导因子或过程，调整、配置和优化系统内部及其与外界的物质、能量和信息的流动过程以及时空秩序，使生态系统的结构、功能和生态学潜力尽快地、成功地恢复到一定的或原有的乃至更高的水平。生态恢复过程一般是由人工设计和进行的，并是在生态系统层次上进行的。这里需要说明的是，生态系统或群落在遭受火灾、砍伐、弃耕等后而发生的次生演替实质上也属于一种生态恢复过程，但它是一种自然的恢复。

退化生态系统恢复的基本原理主要有生态系统演替理论、种群间相互关系理论、干扰控制理论、景观结构与功能理论等。在三峡库区退耕还林（草）的恢复生态学七条原理包括生态因子间的不可代替性和可调剂性规律、最小因子定律、耐性定律、种群空间分布格局原理、种群密度制约原理、边缘效应原理、群落演替原理。生态恢复应遵循原理有：限制性因子原理、热力学定律、生态系统结构理论、生态适宜性原理、生态位原理、生物群落演替理论、植物入侵理论和生物多样性原理、缀块－廊道－基底理论等。森林植被恢复重建应遵循物种的生态适应性和适宜性原理、共生原理、资源充分利用与密度效应原理、生态位（多样性）原理、协同效应与整体功能最优原理、生物调控原理、有害生物的可持续控制原理。

根据上述生态恢复与重建的许多原理，结合河道生态建设的理论基础，主要的植物措施应用技术应该依据以下七项基本原理：

（一）生态演替原理

演替是生态学最古老的概念之一。它是群落动态的一个最重要的特征，是现代生态学的中心课题之一，是解决人类现在生态危机的基础，也是恢复生态学的理论基础。植物生态学中的演替是"一个植物群落为另一个植物群落所取代的过程"，是植物群落动态的一个最重要特征。任何群落的演替过程，都是从个体替代开始，随着个体替代量的增加，群落的主体性质发生变化，产生新的群落形态。从微观(个体)角度看，这种过程是连续的、不间断的（大灾变除外），是一个随时间而演化的生态过程。从宏观（整体）看，这种演替都是有明显阶段性的，即群落性质从量变到质变的飞跃过程，从一定态到另一定态的演化过程。

生态系统的核心是该系统中的生物及其所形成的生物群落，在内外因素的共同作用下，一个生物群落如果被另一个生物群落所替代，环境也就会随之发生变化。因此生物群落的演替，实际是整个生态演替。生态演替过程可以分为三个阶段，即先锋期、顶级期和衰老期。

1. 先锋期

生态演替的初期，首先是绿色植物定居，然后才有以植物为生的小型食草动物的侵入，形成生态系统的初级发展阶段。这一时期的生态系统，在组成和结构上都比较简单，功能也不够完善。

2. 顶级期

生态演替的繁盛期，也是演替的顶级阶段。这一时期的生态系统，无论在成分和结构上均较复杂，生物之间形成特定的食物链和营养级关系，生物群落与土壤、气候等环境也呈现出相对稳定的动态平衡。

3. 衰老期

生态演替的末期，群落内部环境的变化，使原来的生物成分不太适应而逐渐衰弱直至死亡。与此同时，另一批生物成分从外入侵，使该系统的生物成分出现一种混杂现象，从而影响系统的结构和稳定性。

演替指植物群落更替的有序变化发展过程，因而恢复和重建植被必须遵循生态演替规律，促进进展演替，重建其结构，恢复其功能，即充分合理地利用物种的群聚特征和种内竞争、种间竞争，在不同的植被演替阶段适时引入种内、种间竞争关系，促进植被的进展演替。

（二）生物多样性原理

生物多样性是生命有机体及其借以生存的生态复合体的多样性和变异性，包括所有的植物、动物和微生物物种以及所有的生态系统及其形成的生态过程。生物多样性是人类赖以生存和发展的基础，保护生物多样性已成为世界各国关注的热点之一，它有利于全球环境的保护和生物资源的可持续利用。在等级层次上，生物多样性包括遗传多样性、物种多样性、生态系统多样性和景观多样性。这四个层次的有机结合，其综合表现是结构多样性和功能多样性。人类的发展归根结底依赖于自然界中各种各样的生物。生物多样性对于维持生态平衡、稳定环境具有关键性作用，为全人类带来了巨大的利益和难以估计的经济价值。许多学者认为，生物多样性表现出生物之间、生物与其生存环境之间复杂的相互关系，是生物资源丰富多彩的标志，它的组成和变化既是自然界生态平衡基本规律的体现，也是衡量当前生产发展是否符合客观的主要尺码。生态系统中某一种资源生物的生存及功能表达，均离不开系统中生物多样性的辅助和支撑，丰富的生物多样性是生态系统稳定的基础。在水土流失区生态系统遭到严重破坏，植物稀疏，物种单调，生物种群稀少，群落组合单一。

生物多样性的自然发展，是对水土资源优化的促进；相反，生物多样性的逆向演替，将导致水土资源的退化。在排除人为不合理干扰的条件下，生物多样性总是朝有利于水土资源优化的方向发展。在河道生态建设中，群落构建应尽量选择较多植物种类，避免物种单一。确定物种之间及其与环境之间的多种相互作用，以及各种生物群落、生态系统及其生境与生态过程的复杂性，从而达到系统的稳定性。

（三）生态位原理

生态位指种群在时间、空间的位置以及种群在群落的地位和功能。生态位是生物（个体、种群或群落）对生态环境条件适应性的总和。生态位是生态学中的一个重要概念，是种群生态研究的核心问题。有利于某一生物生存和生殖的最适条件为该生物的基础生态位，即假设的理想生态位，可以用环境空间的一个点集来表示。在这个生态位中生物的所有物理化学条件都是最适的，不会遇到竞争者、捕食者和天敌等。但是生物生存实际遇到的全部条件总不会像基础生态位那样理想，所以称为现实生态位。现实生态位包括所有限制生物的作用力，如竞争、捕食和不利气候等。

物种生态位既表现了该物种与其所在群落中其他物种的联系，也反映了它们与所在环境相互作用的情况。生态位理论和应用研究已经有较大进展，生态位理论的应用范围甚广，特别是在研究种间关系、群落结构、群落演替、生物多样性、物种进化等方面，另外在植被的生态恢复与重建过程也应用了生态位原理。河道生态建设中应用生态位原理，就是把适宜的物种引入，填补空白的生态位，使原有群落的生态位逐渐饱和，这不仅可以抵抗病虫害的侵入，增强群落稳定性，也可增加生物多样性，提高群落生产力。

（四）物种生态适应性和适宜性原理

生态适应性是生物通过进化改变自身的结构和功能，使其与生存环境相协调的特点。在自然界中，每种植物均分布在一定地理区域和一定的生境中，并在其生态环境中繁衍后代维持至今。植物长期生长在某一环境中，获得了一些适应环境相对稳定的遗传特征，其中包括形态结构的适应特征。物种的选择是植被恢复和重建的基础，也是人工植物群落结构调控的手段。确定物种与环境的协同性，充分利用环境资源，采用最适宜的物种进行生态恢复，维持长期的生产力和稳定性。选择物种时，应遵从适宜性原理，引入符合人们某种重建愿望的目的物种。

植物的生态适应性和适宜性是河道生态建设植物选种的关键一步，生态环境条件对植物的生长发育、抗性以及品质等都有重要影响。选择出既具备良好的生态适应性，又具有较好适宜性的物种，是植被恢复和重建的一个关键。

（五）物种共生原理

自然界中任何一种生物都不能离开其他生物而单独生存和繁衍，这种关系是自然界中生物之间长期进化的结果，包括共生、竞争等多种关系，构成了生态系统的自我调节和反馈机制。一个系统内一个物种的变化对生态系统的结构和功能均有影响，这种影响有时在短时间内表现出来，有的则需要较长的时间。共生是指不同物种的有机体或系统合作共存，共生的结果使所有共生者都大大节约物质能量，减少浪费和损失，使系统获得多重效益，共生者之间差异越大，系统多样性越高，共生效益也就越大。

在河道生态建设中要充分认识物种共生原理，借鉴天然植物群落中物种组成特点，在构建植物群落时应选用能够共生的物种，提高物种和生态系统的多样性，以期获得更高的互助共生的效益。

（六）限制因子原理

限制因子是指在众多的环境因素中，任何接近或超过某种生物的耐受性极限而阻止其生存、生长、繁殖或扩散的因素。任何生物体总是同时受许多因子的影响，每一因子都不是孤立地对生物体起作用，而是许多因子共同起作用。因此任何生物总是生活在多种生态因子交织成的复杂的网络之中。但是在任何具体生态关系中，在一定情况下某个因子可能起的作用最大。这时，生物体的生存和发展主要受这一因子的限制，这就是限制因子。例如，在干旱地区，水是限制因子；在寒冷地区，热是限制因子；在光能到达的海洋部分，矿物养分是限制因子；等等。任何一个生态因子在数量上和质量上存在一个范围，在该范围内，所有与该因子有关的生理活动才能正常发生。寻找生态系统恢复的关键因子及因子之间存在的相互作用，据此进行生态恢复工程的设计和确定采用的技术手段、时间进度。

从某种意义上说，河道生态建设中要利用限制因子原理，使其能为选种、栽培和水利工程建设等提供理论依据，如山丘区河道、平原区河道、沿海区河道的适宜植物选择和栽培技术等，尤其是沿海地区，植物种类的选择不仅要考虑植物的耐水湿特点，同时还要认识到植物的耐盐碱属性，因为沿海地区的高盐碱特点是许多植物生长的限制因子，了解限制因子的影响，从而提高植物措施应用技术的效果。

（七）有害生物可持续控制原理

对有毒有害植物采用人工措施，降低种群密度和大小；对有害动物（包括昆虫）在调整植物种群结构、大小的同时，加强动物的管理和利用，通过人工调节食物链的各个环节，保持动物种群数量的动态平衡，使某一种群都处于其他种群的调节之下进而达到控制的目的；既不使有害生物的物种灭绝，又不使有害生物种群迅速扩张而发生危害，从而达到控制有害生物的目的。

河道生境兼具水、陆特点，可以为许多生物种类提供栖息地。植物措施应用后，不可避免伴有其他有害生物的出现，因此要对有害生物进行可持续控制。

第二节　河道生态建设植物种类选择技术

一、河道植物种类选择原则

河道生态建设植物措施的应用要充分考虑河道特点和植物的生物生态学特性，并把两者有机地结合起来。植物种类的选择，应在确保河道主导功能正常发挥的前提下，遵循生态适应性、生态功能优先、乡土植物为主、抗逆性、物种多样性、经济适用性等基本原则。

（一）生态适应性原则

植物的生态习性必须与立地条件相适应。植物种类不同，其生态习性必然存在着差异。因此，应根据河道的立地条件，遵循生态适应性原则，选择适宜生长的植物种类。比如，沿海区河道土壤含盐量较高，选用耐盐性的植物种类才能生存。

（二）生态功能优先原则

众所周知，植物具有生态功能、经济功能等多种功能。从生态适应性的角度看，在同一条河道内应该有多种适宜的植物。河道生态建设植物措施的应用主要是基于植物固土护坡、保持水土、缓冲过滤、净化水质、改善环境等生态功能，因此植物种类选择应把植物的生态功能作为首要考虑的因素，根据实际需要优先选择在某些生态功能方面优良的植物种类。其次，根据河道的主导功能和所处的区域不同，兼顾植物种类的经济功能等。

（三）乡土植物为主原则

乡土植物是指当地固有的、自然分布于本地的植物。与外来植物相比，乡土植物最能适应当地的气候环境。因此，在河道生态建设中，应用乡土植物有利于提高植物的成活率，减少病虫害，降低植物管护成本。另外，乡土植物能代表当地的植被文化并体现地域风情，在突出地方景观特色方面具有外来植物不可替代的作用。乡土植物在河道建设中不仅具有一般植物的防护功能，而且具有很高的生态价值，有利于保护生物多样性和维持当地生态平衡。因此，选用植物应以乡土植物为主。外来植物往往不能适应本地的气候环境，成活率低，抗性差，管护成本较高，不宜大量应用。外来植物中，有一些种类生态适应性和竞争力特别强，又缺少天敌，如果使用不当，可能会带来一系列生态问题。对于那些被实践证明不会引起生态入侵的优良外来植物种类，也是可以采用的。

（四）抗逆性原则

平原区河道，雨季水位下降缓慢，植物遭受水淹的时间较长，因此应选用耐水淹的植物，山丘区河道雨季洪水暴涨暴落、土层薄、砾石多、土壤贫瘠、保水保肥能力差，故需要选择耐贫瘠的植物；沿海区河道土壤含盐量高，尤其是新围垦区开挖的河道，应选择耐盐性强的植物。另外，河道岸顶和堤防坡顶区域往往长期受干旱影响，要选择耐干旱的植物。因此，根据各地河道的具体实际情况，选用具有较强抗逆性的植物种类，否则植物很难生长或生长不良。采用抗病虫害能力强的植物种类，能降低管护成本。

（五）物种多样性原则

稳定健康的植物群落往往具有丰富的物种多样性，因此要使河道植物群落健康、稳定，就必须提高河道的物种多样性。物种多样性能增强群落的抗性，有利于保持群落的稳定，避免外来生物的入侵。多样的植物可为更多的动物提供食物和栖息场所，有利于食物链的延伸。不同生活型的植物及其组合，为河流生态系统创造多样的异质空间，从而可容纳更多的生物。只有丰富的植物种类才能形成丰富多彩的群落景观，满足人们不同的审美要求；也只有多样性的植物种类，才能构建不同生态功能的植物群落，更好地发挥植物群落的生态作用，取得更好的景观效果。

（六）经济适用性原则

采用植物措施进行河道生态建设与传统治河方法相比，不仅具有改善环境、恢复生态、有利于河流健康等优点，还具有降低工程投资、增加收益之优势。为此，应选用种子、苗木来源充足，发芽力强，容易育苗并能大量繁殖的植物种类，同时选用耐贫瘠、抗病虫害和其他恶劣环境的植物种类，以减少植物对养护的需求，达到种植初期少养护或生长期免养护的目的。对于景观上没有特别要求的河道或河段，应多选用当地常见、廉价的植物种类，这样可以降低工程建设投资和工程管理养护费用。同时在河流边坡较缓处或护岸护堤地内，尽量选择能产生经济效益的植物种类，增加工程收益。

二、河道植物种类选择要点

根据地形、地貌特征和流经地域的不同，河道可划分为山丘区河道、平原区河道和沿海区河道；根据河道的主导功能，河道可划分为行洪排涝河道、交通航运河道、灌溉供水河道、生态景观河道等；根据河流流经的区域，河道可分为城市（镇）河段、乡村河段和其他河段；根据河道水位变动情况，可将河坡划分为常水位以下、常水位至设计洪水位和设计洪水位以上等坡位。本节重点介绍不同类型、不同功能的河道和河道不同河段、不同坡位植物种类选择的要点。

（一）不同类型河道的植物选择

1.山丘区河道

山丘区河道的主要特点是坡降大、流速快、洪水位高、水位变幅大、冲刷力强、岸坡砾石多、土壤贫瘠且保水性差，往往需要砌筑浆砌石、混凝土等硬质基础、挡墙等，以确保堤防（岸坡）的整体稳定。针对山丘区河道的上述特点，应选用耐贫瘠、抗冲刷的植物种类。应选用须根发达、主根不粗壮的植物，否则粗壮的树根过快生长或枯死都会对堤防（护岸）、挡墙的稳定与安全造成威胁。

2.平原区河道

平原区河道具有坡降小、汛期高水位持续时间较长、水流缓慢、水质较差、岸坡较陡等特点，常为通航河道，船行波淘刷作用强，河岸易坍塌。因此，平原区河道应选用耐水淹、净化水质能力强的植物种类。

3.沿海区河道

沿海区河道土壤含盐量高，土壤有机质、氮、磷等营养物含量低，岸坡易受风力引起的水浪冲刷，植物生长受台风影响很大。因此，要选用耐盐碱、耐瘠薄、枝条柔软的中小型植物种类。否则，冠幅大，承受的风压大，在植物倒伏的同时，河岸也可随之剥离坍塌。在河岸迎水坡应多选用根系发达的灌木和草本植物。

（二）不同功能河道的植物选择

一般来说，河道具有行洪排涝、交通航运、灌溉供水、生态景观等多项功能。某些河道因所处的区域不同，同时可具有多项综合功能，但因其主导功能的差异，所采取的植物措施也应有所不同。

1.行洪排涝河道

在设计洪水位以下选种的植物，应以不阻碍河道泄洪、不影响水流速度、抗冲性强的中小型植物为主。由于行洪排涝河道在汛期水流较急，为防止植被阻流及植物被连根拔起，引起岸坡局部失稳坍塌，选用植物的茎秆、枝条等，还应具有一定的柔韧性。

2.交通航运河道

船舶在河道中航行，由于船体附近的水体受到船体的排挤，过水断面发生变形，因而引起流速的变化而形成波浪，这种波浪称为船行波。当船行波传播到岸边时，波浪沿岸坡爬升破碎，岸坡受到很大的动水压力的作用，使岸坡遭到冲击。在船行波的频繁作用下，常常导致岸坡淘刷、崩裂和坍塌。在通航河道岸边常水位附近和常水位以下应选用耐水湿的树种和水生草本植物，利用植物的消浪作用减少船行波对岸坡的直接冲击，保护岸坡稳定。

3. 灌溉供水河道

为防止土壤和农产品污染，国家对灌溉用水专门制定了《农田灌溉水质标准》。为保护和改善灌溉供水河道的水质，植物种类选择应避免选用释放有毒有害的植物种类，同时还应注重植物的水质净化功能，选用具有去除污染物能力强的植物。利用植物的吸收、吸附、降解作用，降低水体中的污染物含量，达到改善水质的目的。

4. 生态景观河道

对于生态景观河道植物种类的选用，在强调植物固土护坡功能的前提下，应更多地考虑植物本身美化环境的景观效果。根据河道的立地条件，选择一些固土护坡能力较强的观赏植物。为构建优美的水体景观，应选用一些水生观赏植物。为保障行人安全，在堤防（河岸）、马道（平台）结合居民健身需要设为慢行（步行）道的区域，两边应避免选用叶片硬或带刺的植物。

（三）不同河段的植物选择

一条河流往往流经村庄、城市（镇）等不同区域。考虑河道流经的区域和人居环境对河道建设的要求，将河道进行分段。

1. 城市（镇）河段

城市（镇）河段是指流经城市和城镇规划区范围内的河段。河道建设除满足行洪排涝要求外，通常有景观休闲的要求。

水是城之魂，河为魂之载。良好的河道水环境是城市的形象，是城市文明的标志，代表着城市的品位，体现着城市的特色。城市河道首先要能抵御洪涝灾害，满足行洪排涝要求，使人民群众能够安居乐业，使社会和经济发展成果能得到安全保护；其次是要自然生态，人水和谐，突出景观功能，使人赏心悦目，修身养性。城市河道两岸滨水公园、绿化景观，为城市营造了休憩的空间，对提升城市的人居环境、提高市民的生活质量具有十分重要的作用和意义。因此，城市河道应多选用具有较高观赏价值的植物种类。

另外，节点区域的河段，如公路桥附近、经济开发区、交通要道两侧等局部河段，对景观要求较高。可根据河道的主导功能，结合景观建设需要，多选用一些观赏植物。

2. 乡村河段

乡村河段是指流经村庄的河段，一般不宜进行大规模人工景观建设。流经村庄的乡村河段可根据乡村的规模和经济条件，结合社会主义新农村建设，适当考虑景观和环境美化。因此，应多采用常见、价格便宜的优良水土保持植物。

3. 其他河段

其他河段是指流经的区域周边没有城市（镇）、村庄的山区河段，如果能够满足行洪排涝等基本要求，应维持原有的河流形态和面貌；流经田间的其他河段，主要采取疏浚整治措施达到行洪排涝、供水灌溉的要求。这类河道应按照生态适用性原则，选用当地土生土长的植物进行河道堤（岸）防护。

（四）河道不同坡位的植物选择

从堤顶（岸顶）到常水位，土壤含水量呈现出逐渐递增的规律性变化。因此，应根据坡面土壤含水量变化，选择相应的植物种类。从堤顶（岸顶）到设计洪水位，设计洪水位到常水位，常水位以下，土壤水分逐渐增多，直至饱和。因此，选用的植物生态类型应依次为中生植物、湿生植物、水生植物。

1. 常水位以下

常水位以下区域是植物发挥净化水体作用的重点区域。种植在常水位以下的植物不仅起到固岸护坡的作用，而且还应充分发挥植物的水质净化作用。常水位以下土壤水分长期处于饱和状态。因此，应选用具有良好净化水体作用的水生植物和耐水湿的中生植物。另外，通航河段，为了减缓船行波对岸坡的淘刷，可以选用容易形成屏障的植物。而对于有景观需求的河段，可以栽种观叶、观花植物。

2. 常水位至设计洪水位

常水位至设计洪水位区域是河岸水土保持、植物措施应用的重点区域。在汛期，常水位至设计洪水位的岸坡会遭受洪水的浸泡和水流冲刷；枯水期，岸坡干旱，含水量低，山区河道尤其如此。此区域的植物应有固岸护坡和美化堤岸的作用。因此，应选择根系发达、抗冲性强的植物种类。对于有行洪要求的河道，设计洪水位以下应避免种植阻碍行洪的高大乔木。有挡墙的河岸，在挡墙附近区域不宜种植侧根粗壮的大乔木。

3. 设计洪水位至堤（岸）顶

设计洪水位至堤（岸）顶区域是河道景观建设的主要区域，起着居高临下的控制作用。土壤含水量相对较低，种植在该区域的植物夏季可能会受到干旱的胁迫。因此，选用的植物应具有良好景观效果和一定的耐旱性。

4. 硬化堤（岸）坡的覆盖

在河道建设中，为了满足高标准防洪要求，或是为了节约土地，或是为了追求形象的壮观，或是由于工程技术人员的知识所限，有些河段或岸坡进行了硬化处理。为减轻硬化处理对河道景观效果带来的负面影响，可以选用一些藤本植物对硬化的区域进行覆盖或隐蔽，以增加河岸的"柔性"感觉。

第三节　河道生态建设植物群落构建技术

一、河道植物群落模式设计

河道植物群落设计是植物群落构建的重要组成部分。它包括河道植物种类配置、布置方式、种植密度设计等多项内容。

（一）河道植物种类配置

I.配置原则

植物种类配置是河道植物群落设计的重要步骤。河道生态建设植物种类的配置必须遵循一定的原则，才能构建出健康稳定的群落，最大限度地发挥植物的作用。河道植物种类配置应以保证水利工程（设施）安全为前提，避免对原有水利工程（设施）的破坏。河道生态建设植物种类配置应坚持以下原则：

（1）乔灌草相结合原则

乔灌草相结合而形成的复层结构群落能充分利用草本植物速生、覆盖率高及灌木和乔木植株冠幅大、根系深的优点，增大群落总盖度，更好地发挥植物对降雨的截流作用，减少地表径流，减弱雨水对地面的直接溅击作用，同时增加了空间三维绿量，更有利于改善河道生态环境。

（2）物种共生相融原则

根据生态位理论、互利共生理论，合理选择植物种类。选用的植物应在空间和营养生态位上具有一定的差异性，避免种间激烈竞争，保证群落的稳定。在自然界中，有一些植物通过自身产生的次生代谢物质影响周围其他植物的生长和发育，表现为互利或者相互抑制。河道生态建设选用的植物种类应在河道植物群落中具有亲和力，既不会被群落中其他植物种类所抑制而不能正常生长，也不会因为其自身过快生长而抑制其他植物种类的正常生长。

（3）常绿树种与落叶树种混交原则

常绿树种与落叶树种混交可以形成明显的季相变化，避免冬季河道植物色彩单调，提高河道植被的景观质量。同时，林下光环境的季节变化有利于提高林下生物多样性。

（4）深根系植物和浅根系植物相结合原则

深根系植物种类和浅根系植物种类相结合形成立体的地下根系结构，不仅能有效地发挥植物固土护坡、防治水土流失的功能，而且还能提高土层营养的利用率。注意在堤防护坡上不应选用主根粗壮的植物，避免植物根系生长过快或死亡对堤防安全运行造成不利影响。

（5）阳性植物与阴性植物合理搭配原则

在群落的上层和边缘应配置阳性植物，下层和内部配置阴性植物。阴性植物与阳性植物的合理搭配，可以提高群落的光能利用效率，减少植物间的不利竞争。

（6）固土护坡功能优先原则

植物合理配置的主要目的是满足固岸护堤、保持或增加河道岸坡稳定的基本要求。在注重植物发挥保持水土作用的同时，还要考虑植物配置的景观效果和为动物提供良好栖息地等生态功能。

（7）经济实用原则

减少河道工程建设投资是河道生态建设植物措施应用的主要优点之一。因此，在植物种类的配置上，应充分考虑各地经济的承受能力，尽量选用本地物种，节约工程建设投资和工程养护费用，力求植物配置方案经济实用。

2.配置方法

植物种类配置应根据河道具体的立地条件、功能及生态建设要求来确定。应"师法天然"，仿照相同气候类型条件下自然植被植物种类组成和空间结构进行植物配置。根据群落演替理论、生物多样性与生态系统功能理论，针对不同类型、不同功能河道选用适宜的植物种类进行群落配置。

河道常水位以下：主要配置水生植物，也可以配置耐水淹的乔木树种，如池杉、水松等。水生植物分为挺水植物、浮叶植物、漂浮植物、沉水植物四种类型。沿河道常水位线由河岸边向河内可依次布置挺水植物、浮叶植物、沉水植物。由于河道水体的流动性，一般不配置漂浮植物。但对于相对封闭的河道、池塘和湖泊，水面上可以布置漂浮植物，增加景观和净化水质的作用。在河道生态建设中，主要配置一些挺水植物。挺水植物根据植株的高度进行配置。沿常水位线由岸边向河内，挺水植物种类的高度应形成梯次，以形成良好的景观效果。挺水植物可采用块状或带状混交方式配置。

河道常水位至设计洪水位：该区域是河道水土保持的重点。应根据河道的立地条件和气候特点，确定构建的植物群落类型。立地条件较好的地段可采用乔灌草结合，土壤条件较差的地段采用灌草结合。接近常水位线的位置以耐水淹的湿生植物为主，上部以中生但能耐短时间水淹的植物为主。物种间应生态位互补、上下有层次、左右相连接、根系深浅相错落，并以多年生草本、灌木和中小型乔木树种为主。

河道设计洪水位至堤顶：该部位是河道水土保持、植物绿化的亮点，是河道景观营造的主要区域。配置的植物以中生植物为主，树种以当地能自然形成片林景观的树种为主，物种应丰富多彩、类型多样，适当增加常绿植物比例。

河滩和沙洲：在有足够行洪断面的前提下，河滩和沙洲植物配置以乔灌草结合为主。配置的植物种类应耐水淹、抗水冲、根系发达。若受河道行洪要求限制，应以种植灌草为主，确保不影响河道安全泄洪。

（二）植物布置方式

河道生态建设植物措施应用不同于河道一般的简单绿化，更不同于城市园林绿化。因此，河道植物的栽植提倡以近自然的布置方式为主，避免河岸园林化、机械化布置植物，一方面是指植物材料本身为近自然状态，尽量避免人工修剪和造型；另一方面是指在配置中要避免植物种类单一、株行距整齐划一。在配置中，尽可能仿照自然状态下的河岸植物情况，通过不同植物的合理配置、种植密度的稀疏，以及相互适应和竞争实现植物群落的共生与健康稳定。但是，根据各地河道建设的实际情况，有时为了便于施工和设计，也可采取较规则的布置方式。对于有规则的布置方式，不同的乔木树种应采用株间混交或行间混交，梅花状布置，灌木随机布置在乔木株间或行间，草本撒播于整个坡面。对于岸（堤）坡较短的河道，如坡长仅 1～2m，应采用乔灌草结合、株间混交的布置方式。

（三）植物种植密度设计

若河道护岸（坡）植物采用规则布置方式，植物的株行距视植物的大小不同而有所差异，考虑到河道两岸的立地条件较差，与公园和道路绿化相比，植物种植应适当密一些，以尽快发挥和增强植物的固土护坡能力。一般来说，乔木株行距为 $2m \times 2m$～$4m \times 4m$，灌木株行距为 $1m \times 1m$～$2m \times 2m$。对于小型灌木，株行距应适当小一些。若采用近自然式布置，乔木种植密度一般应不低于 600 株 $/hm^2$，灌木不低于 1800 株 $/hm^2$，对于立地条件较差的河道，种植密度还应增大一些。有些灌木种类（如美丽胡枝子、马棘、紫穗槐等）也可以用种子撒播。种子的用量，根据种子的大小而定，如美丽胡枝子种子用量为 $0.2～0.4g/m^2$、马棘为 $0.3～0.4g/m^2$、紫穗槐为 $0.3～0.45g/m^2$。陆生草本植物通常用种子撒播，如狗牙根种子用量 $0.6～1.2g/m^2$、黑麦草为 $2～2.5g/m^2$、紫花苜蓿为 $2.5～4.5g/m^2$。

二、河道植物群落营造技术

（一）岸坡修整与加固

在采用植物措施进行河道岸（堤）坡防护前，应对河道岸（堤）坡进行必要的修整，清除坡面上的碎石及杂物。建设范围内的一些本地野生草本植物和树木应进行保护。对长势强健且生长密集的植物予以保留，对于分布零散的病、弱植株进行清除。对有害植物，如加拿大一枝黄花、葎草等，必须彻底清除。

河道岸（堤）坡修整要根据周围地形和环境，顺势而为，力求自然化，不要大面积翻动坡面土壤，以减少坡面水土流失和岸（堤）坡的不稳定性。如果河道岸（堤）坡较陡，应把坡度适当放缓，以满足岸（堤）坡整体稳定的要求。若岸（堤）坡土层较薄或砂砾石较多，应考虑适当添加客土整体覆盖，以保证植物的成活和正常生长。但在堤防上种植植物，必须注意堤防的安全与堤身的稳定，尤其是植物刚刚种植后的 1～2 年内，必须加强汛期堤防的安全观测和植物生长状况观测，避免产生大面积滑坡坍塌等危及堤防安全现象。

河道岸（堤）整体稳定是采用植物措施进行岸（堤）坡防护的前提条件。因此，对于河道岸（堤）坡较陡的河段或河道转弯的凹岸处，应对坡脚采用木桩、干砌石、生态混凝土等工程措施进行防护。

（二）岸坡土壤要求

河道岸（堤）坡种植土应疏松、不含建筑垃圾和生活垃圾等杂物。土壤种植层须与地下层连接，无水泥板、石层等隔断层，以保持土壤毛细管、液体、气体的上下贯通，利于植物正常生长。草本植物要求土深15cm土层范围内大于1cm的杂物石块少于3%；树木要求土深50cm土层范围内大于3cm的杂物石块少于5%。若发现土质不符合要求，需要引进适量客土进行更换。换土后应充分压实，以免因沉降产生坑注，影响岸（堤）坡的稳定和引起植物倒伏。

（三）苗木要求

1.苗木规格

为节省河道建设投资，提高植物成活率，除对景观有特殊要求的河道或河段外，苗木规格不宜太大。乔木树种胸径一般控制在4cm左右为宜。灌木规格视种类而定，基径一般在2cm左右为宜。有条件的地方，可采用地径2～4cm的容器苗。沿海区河道由于土壤含盐量高，为了提高植物的成活率，苗木规格还应更小。陆生草本植物一般用种子直播。水生草本植物规格视种类而定，如芦竹5～7芽/丛、黄菖蒲2～3芽/丛、水葱15～20芽/丛等。

2.苗木起运

原则上起苗要在苗木的休眠期。落叶树种从秋季开始到翌年春季都可进行起苗；常绿树种除上述时间外，也可在雨季起苗。春季起苗宜早，要在苗木开始萌动之前起苗，若在芽苞开放后起苗，会大大降低苗木的成活率；秋季起苗在苗木枝叶停止生长后进行，这时根系在继续生长，起苗后若能及时栽植，翌春能较早开始生长。

起苗时应尽量减少伤根，远起远挖，苗木主侧根长度至少保持20cm。由于冬春干旱，圃地土壤容易板结，起苗比较困难。因此，起苗前4～5天，圃地要浇水，这样既便于起苗，又能保证苗木根系完整，不伤根，还可使苗木充分吸水，提高苗体的含水量。

挖取苗木时应带土球。起苗时，根部要带土球，土球直径为地径的6～12倍，避免根部暴露在空气中，失去水分。裸根苗要随起随假植，珍贵树种还可用草绳缠裹，以防土球散落，影响成活率；须长途运输的苗木，苗根要蘸泥浆，并用塑料布或湿草袋套好后再运输。

运输要遵循"随挖随运"的原则。运输时带土球的苗木应土球朝前，树梢向后，并用木架将树冠架稳。当日不能种植的苗木，应及时假植，对带土球苗木应适当喷水以保持土球湿润。

（四）种植方法

乔木、灌木和水生草本植物一般采用植苗，其他草本植物一般采用种子撒播。在这里重点介绍树木的种植方法。

1.种植穴挖掘

根据施工设计图挖乔、灌木的种植穴。种植穴的大小和深度依据苗木规格而定，应略深于苗木根系。一般乔木树种种植穴宽度和深度不小于 60cm×60cm×50cm，灌木或小乔木树种不小于 40cm×40cm×30cm。土质较差的河岸，应加大种植穴的规格，并清理出砾石等不利于植物生长的杂物。

2.栽植修剪

对拟种乔灌木根系应剪除劈裂根、病虫根、过长根。种植前对乔木的树冠应根据不同种类、不同季节适量修剪，一般为疏枝、短截、摘叶，总体应保持地上部分和地下部分水分代谢平衡。对灌木的树冠修剪以短截为主。较大的剪、锯伤口，应涂抹防腐剂。

3.苗木栽植

苗木栽植的平面位置和高程必须符合设计规定，树身上下应垂直，根系要舒展，深浅要适当。栽植深度要求：乔木与灌木裸根苗应与原根茎土痕齐平；带土球苗木土球顶部应略高出原土。填土一半后提苗踩实，再填土踩实，最后覆上虚土。较大苗木为了防止被风吹倒，应立支柱支撑。苗木栽好后，第一次的浇水量要充足，使土壤与根系能紧密结合，浇水后若发现树苗有歪倒现象应及时扶直。

对于沿海区河道，由于土壤含盐量高，在选择耐盐植物的同时，应采用辅助措施提高植物成活率。可在种植穴底，铺设 10cm 左右深的稻草、木屑、煤渣等盐隔离层，也可在种植穴内将少量的化学酸性肥料（如 KOH_2PO_4、$FeSO_4$ 和较大量的有机物质，如泥炭、木屑、腐叶土及有机垃圾）与原土混合，有利于改善树木根部生长环境，提高树木的抗盐性。在河道岸坡土壤含盐量较高不适宜种植灌木和乔木植物时，可先种植草本植物改良土壤，以后再种植树木。

4.栽植时间

落叶树种的栽植一般应在春季发芽前或秋季落叶后进行；常绿树种的栽植应在春季发芽前或秋季新梢停止生长后进行。

第六章　黑臭河道的治理与修复

第一节　源污染控制和减排技术

一、黑臭河道治理技术体系

黑臭河道的水环境质量改善技术体系一般按照"控源截污—水质净化—生态修复"的理念和模式，遵循"水陆统筹，截污与改善水动力条件相结合，污染源治理和生态修复相结合，治理与管理相结合"的原则。

黑臭河道治理的技术路线主要包括：开展黑臭水体环境问题诊断，分析黑臭成因，核定污染物负荷，确定控制目标，制订黑臭水体治理实施方案；实施污染源控制及治理，水动力改善及水力调控，生态修复，加强综合管理及工程运行与维护。

因而，针对适合黑臭河道治理的技术与模式，本章主要从源污染控制和减排关键技术、水质净化与生态修复技术、生境修复技术三方面系统论述适合黑臭河道治理的核心技术体系。

二、源污染控制和减排关键技术

黑臭河道控源减排关键技术体系主要包括源头控制和综合控源两大内容，同时结合项目管理、监测及技术集成。

（一）源头控制清洁技术

为了解决城市产业结构不合理，资源浪费和排污量增加的问题，须调整产业结构和推进清洁生产，实现工业污水源头减排。

I. 工业污染物源头减排

（1）工业污染物源头减排主要包括以下三个层面：
①以循环经济为核心的产业结构调整方针政策
通过产业内部物质流和能量流的最优化配置技术，提出城市产业结构调整的技术方案及管理政策，为从源头实现污染物减排提供技术支撑和政策保障。
②推行清洁生产技术，实现生产过程中污染物减排

推行清洁生产技术，进行生产过程审计，提高企业生产管理水平，减少资源浪费和污染物排放。

③源头减排的工业污染源分类整治和技术经济政策支持

对城市中不同类型的工业污染源，按照分类原则进行整治，确定关停并转，提出包括足够的财力支持、迫切的减排需求和政府积极的配合政策。

（2）边界条件

适用于产业结构不合理的流域，特别是在一些经济欠发达地区，造纸、焦化、石化和制药等行业在占经济的比重仍然较大，问题仍然突出，因此需要对产业进行调整升级与改造。

2. 构建城市河流水循环经济优化框架

构建城市河流水循环经济优化框架的目的是为了实现环境优化经济增长。

根据水循环理论，可分为自然水循环和社会经济水循环两大类。二者相互依存、相互作用、相互影响。如果社会经济系统开采利用量超过了自然生态系统水资源再生能力会造成水资源枯竭。如果水资源在社会经济系统使用后排放的污染物超过了自然生态系统的自净能力，水资源会受到污染。

优化水资源在社会经济系统中的循环，能减少对自然生态系统水循环的干扰和破坏。

3. 城市水循环经济 4R 原则

（1）Water Reduce（节水、提高水利用效率）

（2）Water Reuse（企事业单位、家庭回收再利用）——小循环

以企事业单位、家庭回收再利用为主构成的小循环。

（3）Water Reclamation（城市污水处理厂中水）——中循环

以城市污水处理厂中水回用为主构成的中循环，中水回用主要包括回用工业用水、农业灌溉、城市绿化、洗车用水、建筑施工用水等。

（4）Water Recycle 大循环

主要包括回灌地下水、回补河流、湖泊生态用水和回用于景观用水形成的大循环。通过遵循城市水循环经济 4R 原则，对城市污水回用进行合理规划，制定适宜的近、中、远期目标。

4. 水资源循环利用技术方案

截流污水经城市污水处理厂深度处理后回用于入湖河流和景观用水。景观用水主要包括绿地灌溉、住宅小区中水、洗车用水和工业用水等，最终实现污水的资源化利用。

（二）点源污染控制技术

点源污染的控制技术主要针对工业污染源、城镇生活污水、规模化养殖、临河直排宾馆与饭店污水等方面。

1.点源污染治理技术

城镇生活污水还可采用源头分散处理再集中处理的方式。该技术采用生物技术作用于每家每户的下水管道，经下水管道对每个化粪池进行有机物降解处理，从而达到既可以解决居民管道堵塞问题，又可以于最前端先期对有机物进行分化。这是一项全方位环境治理且成本较低的技术。此技术可以改善污水治理、从源头解决黑臭水的污染问题以缓解污水的处理压力、减少兴建更多污水处理厂的投资和运行费用。

2.临河直排宾馆与饭店污水

宾馆与饭店接纳的主体是流动人群，其污染主要为生活污染，在接待旺季时，将持续排放污水形成点源。对临河的宾馆、饭店的污水排放要求更精练、更明确。对于城镇居民集中区的宾馆，要求其污水纳入城镇污水处理厂或建设配套的污水处理设施；对于非城镇居民集中区的宾馆，要求自建污水处理设施对污水进行处理后回用，不得将未经处理的污水直排入河。

3.畜禽养殖废水与废弃物处理技术

畜禽养殖废水（包括规模化养殖和畜禽散养密集地区）、废弃物处理技术及要求可参照《畜禽养殖业污染防治技术政策》[环发(2010)151 号]、《畜禽养殖业污染防治技术规范》《畜禽养殖业污染治理工程技术规范》。

规范规模化养殖场和集约化养殖小区的粪污收集和集中处理，鼓励采用生态型技术处理路线，通过厌氧消化生产沼气、生产有机肥等方式实现资源化利用和无害化处理，鼓励实行零排放或减量排放，推荐采用连续搅拌反应器（CSTR）、升流式固体厌氧反应器（USR）、塞流式反应器（PFR）、UASB 反应器以及厌氧、好氧等工艺技术。针对畜禽养殖废水有机质含量高，为进一步提高其生化性和处理大量有机质，可考虑采用光催化氧化技术、生态技术等。

此外，规模化养猪废水低耗处理及废弃物资源化利用可采用如下新技术：

（1）养殖废水碳源碱度自平衡碳氮磷协同处理技术

采用畜禽养殖废水碳源碱度自平衡碳氮磷同步处理技术进行畜禽废水处理。本技术在规模化养猪废水传统厌氧 -SBR 处理工艺基础上，增设畜粪 / 剩余污泥高浓度厌氧消化单元，创建以厌氧产沼—沼气稳定发电为核心的养殖废水处理产能系统，建立养殖废水处理系统耗电与发电的平衡，最终实现规模化养猪废水处理动力设备系统自驱，降低处理系统运行费用。其工艺流程为：养殖场废水先经过水力筛去除废水中的悬浮物。之后，废水进入酸化池内，废水中可生物降解的大分子有机物被分解为溶解性小分子有机物，同时部分固体物质被截留。废水自水解酸化池进入厌氧池中，废水经过厌氧处理后产生沼气。经厌氧处理后的出水与酸化池出水在配水池按一定比例混合后进入 SBR 池进行脱氮除磷生物处理后，出水可达标排放或被农田综合利用。废水生物处理剩余污泥及部分畜粪主要通过高浓度厌氧发酵产生沼气，产生的沼气与废水处理厌氧处理池产生的沼气汇合，经净化后通过沼气发电机组发电，驱动养殖场废水处理系统设备运转。

（2）保氮除臭适度发酵与有机肥多功能化技术

针对目前畜禽废弃物堆肥效率低、碳氮损失率高、肥料品质差与附加值低的问题，可采用快腐熟保氮除臭适度发酵、有机肥多功能化技术进行资源化利用。筛选保氮除臭功能微生物结合中高温纤维素降解微生物，组配一系列高效保氮微生物发酵复合菌剂，进一步结合高效堆肥调理剂，共同减少高效堆肥过程中的氮素损失以及恶臭的排放；进一步筛选具有解磷、解钾等一系列功能的目标微生物，开发一系列高效复合多功能有机肥，大大提高堆肥产品中有益微生物的数量与比率，提高产品的品质与效益，形成高附加值的堆肥后加工产品。

（3）连续搅拌反应器系统（CSTR）工艺

连续搅拌反应器系统（CSTR）工艺流程包括：①预处理（主要除去一些杂物，如草、纸屑、塑料袋等）；② CSTR（将经过预处理的猪粪投入 CSTR，进行厌氧发酵）；③收集气体（将发酵产生的气体用储气柜进行储存，储气柜内的气压应调节至 5.5 kPa）；④将收集的气体进行脱硫（发酵产生的气体中含有大量的硫化氢，不能直接使用，一般采用干法氧化铁脱硫）。CSTR 流程预处理应尽量使进料 TS 浓度在 6% ~ 12%，保持在中温条件下进行。

沼渣沼液 COD 浓度和 TS 浓度含量高，一般不经固液分离即可直接用于农田施肥，是典型的能源生态型沼气工程工艺。采用 CSTR 工艺产生的沼气如进行热电联产（CHP），热能输出部分可满足大部分北方地区冬季的原料加热要求，不需外来能源加热。因而 CSTR 沼气生产技术不仅可以有效解决有机污染问题，还可以生产清洁环保的新型可再生能源沼气，在我国将有广阔的发展前景。

（4）干法沼气发酵技术

干法沼气发酵是指以秸秆、畜禽粪便等有机废弃物为原料（干物质浓度在20%以上），利用厌氧菌将其分解为 CH_4、CO_2、O_2S 等气体的发酵工艺。干法沼气发酵由于其发酵原料的干物质浓度高而导致进出料难、传热传质不均匀、酸中毒等问题，国内外都对比进行了深入的研究。通过对畜禽粪便厌氧干发酵处理搅拌反应器的研究，设计研制出卧式螺带搅拌发酵罐；通过对大中型集约化养殖场畜禽粪便高温厌氧干发酵处理工程中的罐体加热保温装置进行研究，为大型干法沼气发酵系统的工程化提供了一定的基础理论。

干法沼气发酵技术，能够保证畜禽粪便和作物秸秆在干物质浓度较高的情况下正常发酵，产生清洁能源（沼气）和优质有机肥，基本上达到零排放，符合广大农村地区对优良环境、清洁能源和优质有机肥的需求。随着农村城镇化及养殖的集约化发展，干法沼气发酵技术正逐渐向规模化、集成化、模块化方向发展。

（三）面源污染控制技术

1. 城镇面源污染控制技术

（1）面源控制技术理念

城市面源污染控制，可参考海绵城市建设的理念。海绵城市，是新一代城市雨洪管理概念，是指城市在适应环境变化和应对雨水带来的自然灾害等方面具有良好的"弹性"，也可称为水弹性城市。海绵城市是具有自然积存、自然渗透、自然净化的"海绵体"特性的城市，降雨时可就地或者就近吸收、存蓄、渗透、净化雨水，补充地下水、缓解城市洪涝，干旱时可将蓄存的水释放出来加以利用。

（2）海绵城市特性体现

传统的市政模式认为，雨水排得越多、越快、越通畅越好，这种快排式的传统模式没有考虑水的循环利用。此外，大量雨水直排入河或湖泊中，携带的大量污染物形成的地表径流污染对河流、湖泊水体水质造成严重危害，尤其是对黑臭水体的治理带来巨大的挑战。

海绵城市遵循"渗、滞、蓄、净、用、排"的六字方针，把雨水的渗透、滞留、集蓄、净化、循环使用和排水密切结合，统筹考虑内涝防治、径流污染控制、雨水资源化利用和水生态修复等多个目标。具体技术方面，有很多成熟的工艺手段，可通过城市基础设施规划、设计及其空间布局来实现。总之，只要能够把上述六字方针落到实处，城市地表水的年径流量就会大幅度下降。经验表明，在正常的气候条件下，典型海绵城市可以截留80%以上的雨水。

其中海绵城市的特性体现主要包括：

渗：利用各种路面、屋面、地面、绿地，从源头收集雨水；

滞：降低雨水汇集速度，留住雨水，降低了灾害风险；

蓄：降低峰值流量，调节时空分布，为雨水利用创造条件；

净：通过过滤措施减少雨水污染，改善城市水环境；

用：将收集的雨水净化或污水处理之后再利用；

排：排水设施与天然河道相结合，地面排水与地下雨水管渠结合，实现超标雨水的排放。

2. 农业及农村面源污染控制技术

农业及农村面源污染的控制技术主要针对大量施肥与使用农药的农田、分散村落生活污水的污染物等。

（1）农田面源污染控制技术

农田面源污染控制方面，其技术及要求可参考《化肥使用环境安全技术导则》（HJ 555—2010）、《农药使用环境安全技术导则》（HJ 556—2010）、《农业固体废物污染控制技术导则》（HJ 558—2010）。

此外，由于国家在种植业污染控制方面开展了较多的研究，产出一批实用的新技术，种植业源头减量、不同类型农田径流污染控制、氮磷流失过程拦截等可参考如下新技术：

①农业种植制度调整模式

改变传统稻麦轮作为稻—紫云英绿肥轮作，稻季仅须施氮 90 ~ 150 kg/hm²，可保证水稻高产，减少化肥氮投入 300 ~ 390 kg/(hm²·a)，降低 TN 排放 13.5 ~ 27 kg/(hm²·a)，农户经济效益略减。此模式适宜在太湖流域一级保护区或沿河 / 湖区域推广，须政府进行生态补偿。

②农田氮、磷控源减排技术

针对过量施肥与农田尾水污染问题，可采用分区限量施肥、以碳控氮、农田尾水生态净化为核心技术的农田氮磷控源减排技术，可使农田氮磷化肥用量、面源负荷削减30%以上，经济效益增加15%。

③农田径流生态拦截技术

主要包括湿地、水塘、生态沟渠净化技术。人工湿地污水处理技术是一种人工将污水有控制地投配到种有水生植物的土地上，按不同方式控制有效停留时间并使其沿着一定的方向流动，通过过滤、吸附、沉淀、离子交换、植物吸收和微生物分解等来实现水质净化的生物处理技术。人工水塘技术是利用天然低洼地进行筑坝或人工开挖建设水塘，塘中种植的大型水生植物增加水流与生物膜的接触时间，有利于悬浮物和养分的去除；水塘的有机质负荷为微生物提供有机质，并强化反硝化过程。生态拦截沟渠是采用生物、工程等技术措施构建排水沟渠，在沟渠中配置多种植物，并在沟渠中设置透水坝、拦截坝等辅助性工程设施，对沟渠水体中氮、磷等物质进行拦截、吸附、沉积、转化及吸收利用。

④布设水窖技术

在南方地区，如云南等，农田径流污染还可通过沿田间沟渠布设多个水窖进行削减。农田暴雨通过田间沟渠进行有效截留，减少农田氮磷进入下游水体，同时又可实现水资源的再利用。此外，水窖的管理由所在地块的使用者负责，并负责水窖的日常管理维护、清淤及水窖的使用等。

（2）农村污水处理技术

分散式农村生活污水处理还可参考目前在各个黑臭水体得到一定应用的、较新的适用技术。污水处理最高的目标是实现资源消耗减量化（reduce）、产品价值再利用（reuse）和废弃物质再循环（recycle）。农村生活污水处理工艺的选择不同于城市污水处理工艺，其工艺简单、处理效果有保证、运行维护简便，是一种更具有最佳综合效益的选择，它包含污水处理和资源化利用双重意义，强调分质就地处理和尽可能回收营养物质。国外的生活污水处理技术积累了许多经验，值得学习和借鉴，并有可能应用于农村污水和分散点污染源的治理中。

①污水土地处理系统

对城市污水土地处理系统有计划地全面推广应用的国家是美国。在20世纪50年代后为解决工业化引起的水污染问题，美国大量兴建一级污水处理厂、二级污水处理厂甚至三级污水处理厂，花费巨额的建设投资、运行费用和能源消费，并未解决美国的水环境问题。实践证明，这种水污染控制的技术路线存在明显的问题。污水土地处理系统不同于我国传统的污灌，主要区别为：土地处理系统要求对污水进行必要的预处理，对污水中的有害物质进行控制，使污水水质达到土地处理系统允许的进水水质标准，以保证系统常年稳定运行而不至于对周围环境造成污染，而污灌对污水不进行任何预处理；土地处理系统是能够全年连续运行的污水处理设施，即使在冬季、非灌溉季节和雨季，污水也能得到适当处理和储存，而污灌是按照农作物的需要进行灌溉，冬季、非灌溉季节和雨季的污水则直接排入地表水体，造成环境污染；土地处理系统是按照要求的出水标准进行精心设计和施工，有完整的工程系统，是可以人为调控的污水处理系统，而污灌不具备这些条件；土地处理系统中田上种植的植物以有利于污水处理为主，一般不种植直接食用的农作物，而污灌的土地常以蔬菜粮食等农作物为主。国外曾对建成投产运行的污水土地处理系统做过大量的深入调查，认为只要严格按照工艺要求的场地条件进行设计，三种土地处理类型通常有较好地去除有机污染染物、氮、磷等的净化能力。

②土壤毛管渗滤系统（也称地下渗滤系统）

日本最先针对农村污水处理提出污水土壤毛管渗滤处理系统，这是一种将污水投配到具有一定构造的土壤与混合基质组成的渗滤沟内，在土壤毛细管的作用下，污染物通过物理、化学、微生物的降解和植物的吸收利用得到处理和净化的技术。美国、俄罗斯、澳大利亚、以色列和西欧等国家和地区一直十分重视该系统的开发研究和应用，在工艺流程、净化方法和构筑设施等方面做到了定型化和系列化，并编制了相应的技术规范。地下渗滤处理法较传统二级生物处理法具有以下优点：整个处理装置放在地下，不损害景观；净化出水水质良好、稳定，可用于农业灌溉；对进水负荷的变化适应性强，能耐受冲击负荷；不受外界气温影响或影响很小；不易堵塞；在去除 BOD 的同时，能去除氮、磷；污泥产生量少，污泥处置或处理费用低；建设容易，维护简便，基建投资少，运行费用低；由于覆盖土壤，故不产生臭气等。

③湿地与人工湿地处理系统

美国联邦管理机构认为湿地就是那些经常维持被地表水或地下水淹没饱和的土地，在一般情况下，被饱和的土地适合用于特有生物普遍生长的区域。所谓人工湿地是指在人工模拟天然湿地条件下，建造一个不透水层，使挺水植物生长在一个处于饱和状态基质上的湿地系统。该系统一般利用各种微生物、植物、动物和基质的共同作用，通过过滤、好氧和厌氧微生物降解、吸附、化学沉淀和植物吸收污水中的污染物，达到净化污水的目的。当基质为碎石或砂石材料时，这类人工湿地有较好的去除有机污染物的能力，但脱氮除磷的能力很低，仅为 20% ~ 30%。只有以土壤为基质的下行流垂直渗滤天然湿地、以土壤为基质或以有脱氮除磷能力的复合基质为填料的人工湿地才具有很好的去除氮、磷的效果，通常氮去除率为 85%，鳞去除率为 95%。该技术在欧洲、北美、澳大利亚和新西兰等国家和地区得到了广泛应用。

④生物接触氧化

生物接触氧化法是生物膜的一种形式，是在生物滤池的基础上，从接触曝气法改良演变而来的，因此有人称为浸没式滤池法或接触曝气法。国外早期的接触氧化处理效果都不太理想，BOD 去除率低，主要原因是：停留时间短、填料表面积过小、填料构造不尽合理容易堵塞。经德国、美国、日本和俄罗斯等国家不断研究与试验，使处理工艺日益完善。从 1980 年以来，国外特别是日本，生物接触氧化技术得到了迅速的发展。首先，在使用范围上，不仅用于水体富营养化处理，而且广泛地用于生活污水、生活杂排水，以及食品加工、水果蔬菜罐头、鱼肉制品、酿造等工业废水处理中。其次，日本公布了构造准则，使接触氧化技术更加通用化、规范化和系列化，在 1981—1985 年五年间，接触氧化法处理槽装置占到全日本小型污水处理装置总量（154 万台左右）的 52.5%。至今，生物接触氧化的填料、曝气和微生物按大关键技术取得较大的进展，使该技术除了可以用于污水的二级处理外，还可用于污水的三级处理和水源微污染的预处理。同时生物接触氧化池具有容积负荷高、停留时间短、有机物去除效果好、运行管理简单和占地面积小等优点。

但如果设计或运行不当，容易引起滤料堵塞。

⑤生物滤池处理技术

生物滤池是从间歇砂滤池演变而来的。生物滤池的基本处理过程依赖于填料表面生物黏质层的形成。黏液层的厚度为 2～3 mm，相当于空气中氧的穿透深度，如果这层膜变厚，则局部形成厌氧会产生气味问题。黏液层厚度受滤池水力负荷的控制，增加水力负荷就可以控制黏液层的厚度。根据水力负荷的不同分为低负荷滤池、普通负荷滤池、高负荷滤池、超高负荷滤池（即塔式生物滤池）。前两种属第一代生物滤池，它具有净化效果好（BOD5 去除率达 85%～95%）、基建投资省、运行费用低等优点，但也存在占地面积大、卫生条件差等缺点，对于污水量较小的中、小城镇，尤其是经济不太发达的城镇，仍然具有较大的应用价值。后两种高负荷滤池和塔式生物滤池，有机负荷大，一般为普通生物滤池的 6～8 倍或更高，因此池体积较小，占地面积也较小，塔式生物滤池的塔内微生物存在分层的特点，能承受较大的有机物和有毒物质的冲击负荷，并产生较少的污泥量。但 BOD5 去除率较低，一般为 75%～90%，因生物膜生长迅速，在高水力负荷条件下容易脱落引起滤料的堵塞，也存在基建投资较大等缺点。尽管如此，由于生物滤池是填料附着生长生物处理法的经典技术，有较好的处理效果和适应性。生物滤池处理技术也可能成为农村生活污水处理应用的一种重要技术，包括厌氧和好氧生物膜两种。目前，新型的生物膜反应器和固定化微生物技术也得到了广泛开发研究。

⑥稳定塘处理技术

根据生物反应的分类，可将稳定塘分为兼性（好氧–厌氧）塘、曝气塘、好氧塘、厌氧塘。通过污水稳定塘处理过程的基础研究，认为藻类和细菌是共同构成了稳定塘成功运行的基本要素。细菌能够在好氧和厌氧条件下，将复杂的有机废物成分分解成简单的产物供藻类利用。而藻类产生的氧气为好氧细菌提供所需的好氧环境以完成其氧化作用。利用这一原理，美国的奥斯瓦德（Oswald）提出并发展了高效藻类塘，最大限度地利用了藻类产生的氧气，充分利用菌藻共生关系，对有机污染物进行高效处理。正是因为稳定塘适用于生活污水或复杂的工业废水，也适用于从热带至寒带不同的气候条件，对有机污染物去除效果较好，处理单元建造容易、经济实用、运行简便，使得该技术在 20 世纪 50 年代到 80 年代获得迅速发展。它的缺点是占地面积大，处理效率低（即使在较长的停留时间的情况下，氮和磷的处理效率仍然低），特别是在冬季低温时更是如此。

⑦一体化集成装置处理技术

发展集预处理、二级处理和深度处理于一体的中小型污水处理一体化装置，是国外污水分散处理发展的一种趋势。日本研究的一体化装置主要采用厌氧–好氧–二沉池组合工艺，近年来开发的膜处理技术，可对 BOD5 和 TN 进行深度处理。欧洲许多国家开发了以 SBR、移动床生物膜反应器、生物转盘和滴滤池技术为主，结合化学除磷的小型污水处理集成装置。

（四）内源污染控制技术

黑臭水体内源控制技术主要是针对泥源污染源的控制。

1. 底泥疏挖工艺

将底泥从水下疏挖后输送到岸上，有管道输送和驳船输送两种方式。管道输送工作连续，生产效率高，当含泥率低时可长距离输送，输泥距离超过挖泥船排距时，还可加设接力泵站。驳船为间断输送，将挖泥船挖出的泥装入驳船，运到岸边，再用抓斗或泵将泥排出，该种运泥方式工序繁杂，生产效率较低，一般用于含泥量高或输送距离过长的场合。

绞吸式挖泥船能够将挖掘、输送、排出等疏浚工序一次完成，在施工中连续作业，它通过船上离心式泥泵的作用产生一定真空把挖掘的泥浆经吸泥管吸入、提升，再通过船上输泥管排到岸边堆泥场或底泥处理场，是一种效率较高的疏挖工艺流程。

2. 污染底泥处置及干化

污染底泥在淋溶及浸出条件下，其所含重金属和氮、磷及有机污染物等可能扩散转移到环境中，必须予以妥善处置。选择适宜的污染底泥堆存场地，在与流域的总体规划一致的条件下，尽量选择地下水位低、土层吸附性能好的地带作为堆场场址。对污染物和重金属含量相对低的污染底泥，按一般吹填方式作业，对堆场采取一定的防渗措施。对污染物和重金属含量高的污染底泥，堆放地点尽量离开水体，强化污染防范措施。

污染底泥及其泥浆被输送至岸上后，体积一般将扩大若干倍，泥浆经堆场沉淀后大量余水外排，余水外排及余水处理是环保疏浚的又一重要环节。泥浆余水是否需要特殊处置及怎样处置，取决于余水中污染物的组分及含量，接纳余水水体的性质、功能及技术经济综合分析结果。堆场余水处理工艺应简单易行、经济有效，适合大流量泥浆实施操作。

污染底泥一般属含高有机质的淤泥质土类，淤泥质土自然干化固结过程缓慢，当需要加速其干化过程时，可采用人工强化脱水措施。在吹填工程中加速固化的常用方法包括真空预压法、堆载预压法、加药沉淀法、机械脱水法、堆场主动排水法等。其中堆场主动排水是一种经济有效的污泥干化方法，堆场主动排水主要包括表面开沟、埋设暗管等，该法既充分利用蒸发、渗滤等自然干化的主要途径，又采取了必要的人工措施，强化、加速这一自然过程，简单易行，成本低廉，适宜于大面积实施。

3. 物化覆盖和生态联合技术

通过将增氧剂和生态覆盖材料按一定比例混合应用于黑臭底泥河道的修复工程中，改善黑臭底质生存环境，增加底泥和底层水体的 DO 浓度，加快底泥中有机物的去除，使其适合沉水植物生长，有效解决黑臭底泥河流中沉水植物难以存活生长等问题，同时对底泥有机物等污染物进行原位去除，使其加快河流生态系统的恢复和健康发展。

第二节　水质净化与生态修复技术

一、水质改善技术

（一）复氧技术

复氧技术主要指人工向水体中充入空气或氧气加速水体复氧过程以提高水体的 DO 水平，恢复和增强水体中好氧微生物的活力，使水体中的污染物质得以净化。

常规的复氧技术分为固定式曝气复氧方法和移动式曝气复氧方法，其中固定式曝气复氧方法包括雾化曝气管曝气复氧、橡胶坝跌水曝气复氧和混合水下曝气器曝气复氧，移动式曝气复氧方法主要包括曝气复氧船。

l. 技术特点

人工曝气复氧是指向处于缺氧（或厌氧）状态的水体进行人工充氧，增强水体的自净能力，净化水质、改善或恢复水体的生态环境。该技术具有设备简单、机动灵活、安全可靠、见效快、操作便利、适应性广、对水生生态不产生任何危害等优点，非常适合于景观水体和微污染源水的治理。缺点是水体曝气增氧、复氧成本较大。

2. 设计要求

（1）水体需氧量的计算

需氧量主要取决于水体的类型、水体目前的水质以及黑臭水体治理的预期目标，计算方法主要有组合推流式反应器模型、箱式模型和耗氧特性曲线法。

（2）曝气设备充氧量以及设备容量的确定

机械曝气设备的主要技术参数是动力效率［单位 $kgO_2/$（$kW\cdot h$）］，根据校正计算得到的氧转移速率与设备的动力效率来确定设备的总功率和数量；鼓风曝气设备的设备容量可参考污水处理工程设计手册中的相关内容进行计算。

（3）曝气设备的选型

根据需曝气水体水质改善的要求（如消除黑臭、改善水质、恢复生态环境）、水体条件（包括水深、流速、断面形状、周边环境等）、水体功能要求（如航运功能、景观功能等）、污染源特征（如长期污染负荷、冲击污染负荷等）的不同，一般采用固定式充氧站和移动充氧平台两种形式。

固定式充氧站主要分为鼓风曝气、纯氧曝气和机械曝气三种形式。当河水较深，需要长期曝气复氧且曝气河段有航运功能要求或有景观功能要求时，一般宜采用鼓风曝气或纯氧曝气的形式，即在河岸上设置一个固定的鼓风机房或液氧站，通过管道将空气或氧气引入设置在水体底部的曝气扩散系统，达到增加水中 DO 的目的。而当水体较浅，没有航运功能要求或景观要求，主要针对短时间的冲击污染负荷时，一般采用机械曝气的形式，即将机械曝气设备（多为浮桶式结构）直接固定安装在水体中对水体进行曝气，以增加水体中的 DO。

移动式充氧平台是在不影响航运的基础上，在需要曝气的河段设置可以自由移动的曝气增氧设施，主要用于在紧急情况下对局部河段实施有目的的复氧。目前使用最多的是曝气船。

此外，曝气设备的选择还需要考虑如何消除曝气产生的泡沫、与周围环境相协调等因素。

3. 工艺原理与技术参数

曝气技术是根据水体受到污染后缺氧的特点，利用自然跌水（瀑布、喷泉、假山等）或人工曝气对水体复氧，促进上下层水体的混合，使水体保持好氧充足状态，以提高水中的 DO 含量，加速水体复氧过程，抑制底泥氮、磷的释放，防止水体黑臭现象的发生。恢复和增强水体中好氧微生物的活力，使水体中的污染物质得以净化，从而改善水体的水质。

4. 维护管理

①根据水体的实际特征得出需氧量，进而确定曝气设备的容量、运行方式、季节最优化组合等。

②可分阶段制定水体改善的目标，然后根据每一个阶段的水质目标确定所需的曝气设备的容量，而不必一次性备足充氧能力，以免造成资金、物力、人力的浪费。

③对于城市中的水体，为了配合城市景观的建设，可以充分利用水闸泄流、活水喷池等方式增氧。

④要充分考虑水体曝气增氧、复氧成本，结合太阳能曝气治理技术，加速氧气的传质过程，增加水中溶解氧量，从而保证水生生物生命活动及微生物氧化分解有机物所需的氧量，实现水体的生态修复，并达到节能和减排的目的。

5. 太阳能动水充氧技术

太阳能动水充氧技术是近几年兴起的一种节能环保的曝气充氧技术，主要功能包括增强水体流动性、黑臭治理与底泥减少以及生态修复。

（二）絮凝、微生物菌剂技术

化学絮凝处理技术是一种通过投加化学药剂去除水层污染物以改善水质的污水处理技术。对严重污染的水体如黑臭水体的治理，化学絮凝处理技术的快速和高效显示其一定的优越性。但是化学絮凝处理的效果容易受水体环境变化的影响，且必须顾及化学药物对水生生物的毒性及对生态系统的二次污染，这种技术的应用有很大的局限性，一般作为临时应急措施使用。

向污染黑臭水体中投入适量的混凝剂，脱稳颗粒直接或间接地相互聚结生成呈絮状的大颗粒而进行卷扫、沉淀分离的过程，从而去除水体中的污染物（如悬浮物、NH_3-N、有毒有机物等）。

常用的絮凝剂包括金属盐类絮凝剂、高分子絮凝剂和微生物絮凝剂，其中金属盐类絮凝剂主要为硫酸铝和三氯化铁，高分子絮凝剂主要为聚合氯化铝、聚合硫酸铁和聚丙烯酰胺。

微生物菌剂主要是通过向受污染黑臭水体中投加适量的生物促进剂或菌剂，促进水体中污染物的生物降解作用，提高其降解效率。

（三）生物／生态技术

生物/生态技术包括生物修复技术和水生植被恢复工程。这类技术主要是利用微生物、植物等生物的生命活动，对水中污染物进行转移、转化及降解，最大限度地恢复水体的自净能力，使水质得到净化，重建并恢复适宜多种生物生息繁衍的水生生态系统。这类技术具有处理效果好、工程造价相对较低、不需耗能或低耗能、运行成本低廉，不用向水体投放药剂，不会形成二次污染等优点，同时可以与绿化环境及景观改善相结合，创造人与自然相融合的优美环境。

水体生态修复集成技术主要通过设置水下载体、种植挺水植物、构建生态浮床等技术措施组成生物膜系统，从而强化净水水质、提高景观效果和为生物栖息提供场所，最终形成多目标生态修复集成技术。

水体生态修复集成技术中一般采用具有强化除磷单元的材料框架组成工作介质，在其下吊挂生物填料，组成生物膜净化单元，其上种植水生植物，在美化景观环境的同时利用植物发达的根系吸收水体中的氮、磷等营养盐物质。

（四）生态净化水厂

l. 技术路线

浮动式生态净水厂对水质净化作用主要由三个处理阶段组成。最初的预处理部分主要包括植物根系对污染物的吸附过滤作用及初期生物膜对污染物的吸附作用，其中主要去除的污染物指标为 TSS。在浮动式生态净水厂系统中的植物及生物膜生长成熟后，系统的水质净化的核心作用是通过附着于载体填料及植物根系的生物膜进行的。生物膜主要是通过有机物好氧分解、硝化与反硝化作用以及聚磷作用去除水体中的有机物、NH_3-N、TN 和 TP 等污染物指标。同时，生态净水厂中水循环复氧设备为微生物提供适宜的好氧、兼氧、厌氧环境条件从而提高系统的污染物去除效率，改善水体的循环性与流动性，从而扩大浮动式生态净水厂的作用范围。通过预处理与核心处理提升水体水质，并促进水体生态系统的自我修复，从而以更加完善的水生态系统起到长期稳定的生态处理作用：浮动式生态净水厂中的挺水植物、沉水植物等对水体中氮、磷产生吸收同化作用；结构与功能更加完善的水体生态系统提升水体的水环境容量，辅助污染物的去除，起到保持水体净化效果的作用。

2.技术原理

（1）高效微生物作用

浮动式生态净水厂的水质净化功能主要通过微生物作用实现，污染物去除总量的80%～90%由微生物作用实现。浮动式生态净水厂的载体填料具有极大的比表面积与孔隙率，大量微生物附着于载体填料。单位面积上载体填料植物密度可达到60株，植物根系发达，大量微生物附着于植物根系表面。由于土著微生物去除污染物效率较低，在浮动式生态净水厂中，接种于植物根系与净水填料的高效微生物作为净水优势菌种，与水体土著微生物相互配合，共同起到水质净化作用。载体填料的纤维丝结构与茂密的植物根系形成了连续的好氧、厌氧交替的环境，微生物在好氧条件下分解有机物，并通过硝化反应去除 NH_3-N，在厌氧环境中通过反硝化反应去除硝态氮。

（2）水循环复氧技术作用

水循环复氧技术通过吸收太阳能，由光电效应将太阳能转化为电能，并由高效电机带动根据水体动力学设计的高效叶轮工作，从而实现设备的运行。叶轮旋转产生对水流的水平推力，形成表层的水流扩散，扩散水流产生向后拉力，增强水体流动性，提高污染物与微生物的接触效率，延长了水力停留时间。高效叶轮可形成不同深层水体的相对流动，达到水体表层与深层间的水体流动与交换。高效叶轮运行过程中，将富氧流与低氧流结合并均匀分布于水体中，达到了 DO 在不同水体层面的有效传输，并结合植物根系与净水填料，为微生物提供适宜的好氧、兼氧、厌氧环境条件，从而提高系统的污染物去除效率，改善水体的循环性与流动性，扩大浮动式生态净水厂的作用范围。

（3）吸附过滤作用

浮动式生态净水厂载体填料下茂密的植物根系对悬浮物、颗粒物形成了天然的拦截过滤系统，植物根系附着的微生物形成的生物膜可吸附悬浮物、颗粒物，提高了根系过滤系统对悬浮物、颗粒物等的去除效率。通过对悬浮物、颗粒物的过滤，从而去除水体中的SS，附着于颗粒物、悬浮物上的有机物。

（4）植物吸收同化作用

浮动式生态净水厂载体填料上的植物对氮、磷的吸收同化作用，使水体中氮、磷浓度进一步降低。由于载体填料的单位面积植物量远大于传统浮岛，其单位面积植物对氮、磷的吸收同化效率更高。

（5）水生态系统作用

浮动式生态净水厂载体填料与植物根系附着的大量微生物为原生动物、后生动物、鱼类等提供了丰富的饵料，促进了以微生物为基础的各营养级的发展，并促进了水生态系统的自我修复。同时，更完善更稳定的水生态系统又促进了水体中污染物的去除与水质的维持与保障。

3. 技术设计参数

环境温度：-20 ~ 45℃；

净水填料：纤维材质，比表面积 1：1 000 ~ 1：5 000，孔隙率 80% ~ 99%；

太阳能供电板输出功率：1.5kW；

循环通量：120 ~ 680m³/h；

动水距高：200m；

框架材质：主体结构金属部件采用 304 以上等级不锈钢；

使用寿命：15 年以上。

4. 技术特点及优势

浮动式生态净水厂为复合技术，其将载体填料技术、水循环技术、高效微生物技术进行集成并有机组合。与多种单一技术在工程中组合应用相比，克服了水体治理单一生态技术应用的局限性，以及多种单一技术不匹配的简单组合系统污染物去除率的低效性，使技术集成化更高、多种技术间的应用匹配性更好且系统性更强、整体污染物去除效率更高、系统整体运行的稳定性更高。

在水质净化过程中，固化在植物根系与净化载体上的高效复合微生物作为净水优势菌种，与水体中的土著微生物相互配合，共同起到净水作用。

与传统的河湖水体旁路一体化水处理站、人工湿地系统相比，浮动式生态净水厂不占用岸上土地资源、无堵塞、无污泥处置、几乎零运行维护成本、无需系统进出水设计，并对自然水体流动性零干扰，且可促进水体生态系统的自我修复与生态多样性恢复。

浮动式生态净水厂采用自然修复技术，在水质净化的同时，也起到景观效果提升、生态系统构建的作用。

（五）生态浮岛

生态浮岛，又称人工浮床、生态浮床等。它是人工浮岛的一种，针对富营养化的水质，利用生态工学原理，降解水中的 COD、氮和磷的含量。它以水生植物为主体，运用无土栽培技术原理，以高分子材料等为载体和基质，应用物种间共生关系，充分利用水体空间生态位和营养生态位，从而建立高效人工生态系统，用以消减水体中的污染负量。它能使水体透明度大幅度提高，同时水质指标也得到有效改善，特别是对藻类有很好的抑制效果。生态浮岛对水质净化最主要的功效是利用植物的根系吸收水中的富营养化物质，例如总磷、氨氮、有机物等，使得水体的营养得到转移，减轻水体由于封闭或自循环不足带来的水体腥臭、富营养化现象。

l. 技术特点

生态浮床是指将植物种植在浮于水面的床体上，利用植物根系直接吸收和植物根系附着微生物的降解作用有效进行水体修复的技术。

生态浮床技术的优点为：①充分利用我国广阔的水域面积，将景观设计与水体修复相结合；②可选择的浮床植物的种类较多，载体材料来源广、成本低、无污染；③浮床的浮体结构新颖，形状变化多样，不受水位限制，不会造成水体淤积。

但生态浮床仍存在一些问题和不足：①不易进行标准化推广应用；②现有生态浮床难以推行机械化操作；③生态植物的补种与清理较难。

2. 设计要求

生态浮床是绿化技术与漂浮技术的结合体，一般由四个部分组成，即浮床框架、植物浮床、水下固定装置及水生植被。

3. 设计原则

根据不同的目标、水文水质条件、气候条件、费用，进行浮床的设计，选择合适的类型、结构、材质和植物。浮床的设计必须综合考虑以下五个因素：

（1）稳定性

从浮床选材和结构组合方面考虑，设计出的浮床须能抵抗一定的风浪、水流的冲击而不至于被冲坏。

（2）耐久性

正确选择浮床材质，保证浮床能历经多年而不会腐烂，能重复使用。

（3）景观性

考虑气候、水质条件，选择成活率高、去除污染效果好的观赏性植物，能给人以愉悦的视觉享受。

（4）经济性

结合上述条件，选择适合的材料，适当降低建造的成本。

（5）便利性

设计过程中要考虑施工、运行、维护的便利性。

除此之外，还可以考虑浮床技术和其他技术的组合，如生态浮床和消减波浪设备的组合，如消浪栅、消浪排等，缓解水流、风浪对浮床的冲击，保证浮床能在广阔的河面、风浪较大的区域得以应用。生态浮床可与填料、曝气等技术进行组合，提高整个浮床的处理效率。

4. 人工浮床的水下固定设计

水下固定形式要视地基状况而定，常用的有重量式、锚固式、杭式等。另外，为了缓解因水位变动引起的浮床间相互碰撞，一般在浮床本体和水下固定端之间设置一个小型的浮子。

5. 工艺原理与技术参数

工艺原理：一方面，利用表面积很大的植物根系在水中形成浓密的网，吸附水体中大量的悬浮物，并逐渐在植物根系表面形成生物膜，膜中微生物吞噬和代谢水中的污染物成为无机物，使其成为植物的营养物质，通过光合作用转化为植物细胞的成分，促进其生长，最后通过收割浮床植物和捕获鱼虾减少水中营养盐；另一方面，浮床通过遮挡阳光抑制藻类的光合作用，减少浮游植物生长量，通过接触沉淀作用促使浮游植物沉降，有效防止水华发生，提高水体的透明度，其作用相对于前者更为明显。同时浮床上的植物可供鸟类栖息，下部植物根系可形成鱼类和水生昆虫生息环境。

6. 维护管理

浮床植物的管理与收获：对生长不好的植物进行补种，在植物枯萎之前对其地上部分进行不同程度的收割。

浮床支架的稳定与修缮：对支架进行定期检查，将不稳定的支架进行加固，更换掉老旧的支架。

（六）复合纤维浮动湿地

复合纤维浮动湿地通过在水体中搭建类似人工湿地的结构，去除水体污染物并实现生态修复作用。复合纤维浮动湿地通过浮力载体与湿地填料一体化技术，实现将人工湿地植物及其填料基质漂浮于水体表面，从而增大传统湿地单位时间单位面积的处理水量，并且解决了传统湿地运行1～2年后填料基质堵塞导致系统瘫痪的问题。与传统人工湿地相比，复合纤维浮动湿地能够直接作用于布设的水体，满足各类水位变化要求，适应生态处理池调蓄时的不同水位，无须占用土地资源，构建快捷，单位面积处理效率高，是全新的水生态处理方法。复合纤维浮动湿地在美国、新西兰的成功应用案例表明，其污染物处理效率高于传统人工湿地。

1. 水质净化原理

复合纤维浮动湿地通过复合纤维浮动湿地中基质、微生物与植物形成的净化系统，经过物理、化学和生物作用使水质得到净化。

复合纤维浮动湿地标准化模块是植物种植的载体、复合纤维浮动湿地浮力的提供者，更是复合纤维浮动湿地的表层基质、水质净化主体之一。其材质为进口高分子材料纤维，具有表面积极大的孔隙结构，在气水交界面区域为微生物的附着挂膜生长提供了空间；同时植物根系在标准化模块纤维孔隙中交织穿梭生长，根系分泌物中的小分子有机物易被微生物分解利用，更促进表层基质的生物膜生长。大气、水面、标准化模块纤维丝、植物根系与生物膜的共同作用下，表层基质形成连续的好氧、缺氧、厌氧区域，为硝化、反硝化等微生物反应提供了环境条件。

复合纤维浮动湿地系统成熟以后，标准化模块纤维和植物根系吸附了大量微生物形成生物膜，污水流经复合纤维浮动湿地根系区域时，污染物在基质纤维、植物根系、与微生物的共同作用下得到去除。大量的固体悬浮物被基质和植物根系上附着的生物膜截留；有机污染物通过微生物的呼吸作用分解；氮、磷等营养物质被植物吸收同化去除，同时也在好氧、缺氧环境中硝化、反硝化、聚磷等微生物过程被去除。

2. 复合纤维浮动湿地技术参数

①单体模块尺寸（m）：$2.0 \times 1.5 \times 0.13$；
②采用复合纤维材料，孔隙度达到 97%，平均比表面积 1 ： 1 000；
③植物种植孔 21 个 /m^2；
④成熟后植物量多于 4 株 /m^2；
⑤平均承重为 35 kg/m^2；
⑥平均使用寿命大于 20 年。
复合纤维浮动湿地植物种植品种包括芦苇、再力花、鸢尾。

二、生物多样性修复技术

（一）水生植物群落多样性修复技术

1. 适用范围

水生植物群落多样性修复技术适用于流速缓慢、滨岸带缓坡、水深小于 1m、岸线复杂性高的河段。

2. 设计要求

基于物理基底设计，选择对应植物种类、生活型，设计植物群落结构配置、节律匹配和景观结构，实现净化功能。采用生境和生物对策，因地制宜，设计以挺水植被为主、沉水植被为辅，结合少量漂浮植被的全系列生态系统修复模式。

3. 工艺原理与技术参数

挺水植物选择水体所在区域的常见植物，例如香蒲、芦苇，种植面积占 2 km 滨岸带恢复区水面面积的 20%，沉水植物选择不同季相的种类来恢复疏浚后的水体生态系统，约占恢复河段水面面积的 10%，挺水植物一般以 2 ~ 10 丛 /m^2 的密度种植，沉水植物以 30 ~ 100 株 /m^2 的密度种植。

4.注意事项

注意恢复早期水体的光和流速的稳定,同时注意进行防浪隔离和鱼类隔离。

(二)沉水植物优势种定植技术

1.适用范围

水生植物优势种定植技术适用于流速缓慢、滨岸带缓坡、水深小于1m、岸线复杂性高的河段。

2.设计要求

基于物理基底设计,选择对应沉水植物种类、生活型,设计优势物种结构配置、节律匹配(季节)和景观结构,实现稳定群落功能。采用生境和生物对策,因地制宜,设计定植优势物种的种类和生长时期。

3.工艺原理与技术参数

定植物种密度参考环境优势种平均丰度;快速定植选取生长旺盛的种类,株高通常为20～30cm,用固定物如石块、竹竿固定上部与底部,垂直插入水体底部基质中,待生长稳定后取出固定物。

4.注意事项

注意定植早期水体的光和流速的稳定,同时注意进行防浪隔离和鱼类隔离。

(三)沉水植物模块化种植技术

1.适用范围

此技术适用于流速缓慢、滨岸带缓坡、水深小于1m、岸线复杂性高的河段。

2.设计要求

在沉水植物种植上,以集中种植最适宜,这样可以使种植的沉水植物形成一个群体,增强个体的存活能力。由于沉水植物物种的不同,因此在种植方式上存在草甸种植、播撒草种、扦插等工作方式,这些可以在优质土层回填时同步完成。

3.工艺原理与技术参数

采集肥沃河泥、黏土及可降解纤维,按比例配制培养基质,并填入可拆卸模具中;将模具放入光照条件良好、可调节水位的小型水体中；培养基质中按一定密度种植植物种子，并随着生长高度适时调节水位，使其能快速生长，结成草甸。在沉水植物草甸种植上，先通过细绳将多块草甸联结在一起，通过河段两岸将绳索两端带入水体，分别向两个方向伸展，将草甸完全拉平后将两端固定，或者先将一端固定在水底，通过向另一端拉直，这样就完成了一块草甸的种植工作，然后再将其他草甸按照顺序种植。在草甸的联结间距及两块草甸间，可根据种植密度的需要进行调整。在沉水植物扦插种植方式上，可一次扦插数十根水生植物，效率较高。在播撒草种的种植方式上，可直接播种在淤泥层上，这样可以避免草种可能悬浮在水体中而影响种植效率。

4. 注意事项

注意模块化种植早期的水体的光和流速的稳定，同时注意进行防浪隔离和鱼类隔离。

（四）水生动物群落多样性修复技术

1. 适用范围

此技术适用于流速缓慢、滨岸带缓坡、水深小于 1 m、岸线复杂性高的河段。

2. 设计要求

水体生态水生动物的修复应当遵循从低等向高等的进化缩影修复原则进行，避免导致系统不稳定。当进行水体沉水植物生态修复和多样性恢复后，开展水系现存物种调查，首先选择修复水生昆虫、螺类、贝类、杂食性虾类和小型杂食性蟹类，待群落稳定后，引入本地食肉性的凶猛鱼类。

3. 工艺原理与技术参数

底栖动物选择水体所在区域常见动物，投放面积占 2 km 滨岸带恢复区水面面积的 10%，动物选择不同季相的种类，水生昆虫、螺类、贝类一般以 50 ～ 100 个 /m² 的密度投放，杂食性虾类和小型杂食性蟹类以 5 ～ 30 个 /m³ 的密度投放。

4. 注意事项

注意定植早期水体的光和流速的稳定，同时注意进行防浪隔离和杂食性鱼类隔离。

三、滨岸带生态修复技术

滨岸带是水体最后一道污染物截留防线，具有截污、过滤和改善水质等重要的环境功能。滨岸带生态修复技术主要涉及构筑直立式、陡坡型、缓坡型等不同类型的生态堤岸，优化堤岸生态系统的群落结构，同时满足防洪和污染控制需求。生态护岸技术主要具有滞洪补枯、水源涵养、共生生态的培育、自净能力的提高和生态景观的多样等功能。在欧洲国家，生态护岸技术主要将护岸与截污相结合；日本则多采用多自然型岸堤。我国的生态护岸技术主要是学习和借鉴国外经验，现在正在迅速发展中。

（一）生态修复工艺

根据水体不同堤岸形态、周边土地利用方式、地理位置要求，在适当拓宽河道的基础上，采用以下工艺进行滨岸带生态修复：

1. 自然堤岸修复工艺

在自然堤岸形态的基础上，拓宽河道，放缓堤岸坡面，并恢复挺水、沉水植物带。

2. 生态混凝土堤岸工艺

生态混凝土是由低碱度水泥、粗骨料、保水材料等按照特殊工艺制成的混凝土。生态混凝土有一定的抗压强度，而且它有大量的连续孔隙，这使它具有良好的透气性、透水性，既能保护堤岸，防止其受到侵蚀，又可在多孔混凝土孔隙中或其表面铺上泥土，然后播种小型植物。由于多孔混凝土的透水性能和透气性能良好，可以使植物舒适地生长，从而建成亲近自然型的生态护坡护岸，能与生态环境相适应，可使水质得到净化。

3. 石笼护岸工艺

石笼护岸是用镀锌、喷塑铁丝网笼或用竹子编的竹笼装碎石（有的装碎石、肥料和适于植物生长的土壤）垒成台阶状护岸或做成砌体的挡土墙，并结合植物、碎石以增强其稳定性和生态性。石笼尤其适用于碎石或砂石来源广泛但缺少大块石头的地区。石笼的网眼大小一般为 60 ~ 80 mm，也可根据填充材料的尺寸大小进行调整。其表面可覆盖土层，种植植物。同时，又能满足生态的需要，即使是全断面护砌，也可为水生植物、动物与微生物提供生存空间。

石笼护岸比较适合于流速大的河道断面，具有抗冲刷能力强、整体性好、应用比较灵活、能随地基变形而变化的特点。根据河岸周边实际情况及功能需求，石笼还可以采用生态石笼和阶梯式石笼两种工艺。

4. 栅栏护岸工艺

栅栏护岸是采用各种废弃木材（如间伐材、铁路上废弃的枕木等）和其他一些木质材料为主要护岸材料的护岸结构。该护岸结构是先在坡脚处打入木桩，加固坡脚；然后在木桩横向上拦上木材或已扎成捆的木质材料（如荆棘、柴捆等），做成栅状围栏，围栏可根据景观要求做成各种形状；围栏后堆积石料或回填土料，栅栏与石料或回填土料的搭配进一步加固了坡脚，也为微生物、水生生物和动物提供了生存环境。围栏以上的坡面可种植草坪植物并配上木质的台阶，实现稳定性、安全性、生态性、景观性与亲水性的和谐统一。

5. 市桩 – 石材复合型生态护岸工艺

坡底采用生态混凝土护岸，保证护坡的稳定性和安全性，并为水生植物生长提供条件。上部用木桩框架护面，框架内嵌有砾石或卵石，是融合亲水性、景观性、净水功能为一体的生态型护岸结构。

6. 柳树护岸式生态堤岸工艺

柳树护岸技术是通过使用柳树与土木工程和非生命植物材料的结合，减轻坡面及坡脚的不稳定性和侵蚀，并同时实现多种生物的共生与繁殖的一项技术。柳树因具有耐水性强，并可通过截枝进行繁殖的优点，成为生态型护岸结构种使用最多的天然材料之一。柳树护岸充分利用柳树的发达根系、茂密的枝叶及水生护岸植物的能力，既可以达到固土保沙、防止水土流失的目的，又可以增强水体的自净能力。同时，岸坡上的柳树所形成的绿色走廊还能改善周围的生态环境，为人类营造一个美丽、安全、舒适的生活空间。

柳树护岸的主要形式有：柳树杆护岸；柳排护岸；柳梢捆（柴捆）护岸；柳梢篱笆护岸；石笼与柳杆复合型护岸；柳杆护脚护岸；柳枝工混合护岸。

7. 自然堤岸与生态混凝土复合工艺

该工艺是通过使用自然堤岸修复和生态混凝土堤岸修复工艺相结合，对河道的乔草植物带、挺水植物带、沉水植物带进行修复和种植。

（二）种植植物选择

对各工艺的物种选择要求在参考当地优势物种的前提下，选择景观效果较好、净污能力强、适应能力强的乔草、挺水植物和沉水植物，合理搭配各物种间的空间分布，在保证水体自身防洪能力的前提下，将其河道改造成具有景观效果的生态河道。

四、缓冲带生态修复

缓冲带是水体一定水位线之上的水体外部的陆域地区，是水体生态系统重要组成部分，也是滨岸带外围的保护圈，是污染物进入滨岸带前的缓冲区域，也是地表径流进入水体前的重要屏障。水体缓冲带的构建应充分考虑缓冲带位置、植物种类、结构和布局及宽度等因素，以充分发挥其功能。

（一）缓冲带构建和布置要求

1. 缓冲带构建技术要求

缓冲带位置确定应调查水体所属区域的水文特征、洪水泛滥影响等基础资料，宜选择在泛洪区边缘。

从地形的角度来说，缓冲带一般与地表径流的方向垂直。对于长坡，可以沿等高线多设置几道缓冲带以消减水流的能量。溪流和沟谷边缘宜全部设置缓冲带。

缓冲带种植结构设置应考虑系统的稳定性，设置规模宜综合考虑水土保持功效和生产效益。

缓冲带的宽度应考虑缓冲带基质类型与植被类型的相互作用，注重基质类型对植被的固定作用以及植物与基质对地表径流中污染的协同拦截作用。此外，应综合考虑净污效果、受纳水体水质保护的整体要求，还须考虑经济、社会等其他方面的因素进行综合研究，确定沿河不同分段的设置宽度。

2. 缓冲带的植物种类配置

（1）缓冲带的植物种类配置及设计宜满足下列要求

①缓冲带植物配置应具有控制径流和污染的功能，应根据水体缓冲带实际功能和污染物类型等综合因素来确定乔木、灌木、草本等植被类型和具体品种。另外，需要考虑植被的维护与管理。

②宜充分利用乔木发达的根系稳固河岸，防止水流的冲刷和侵蚀，并为沿水道迁移的鸟类和野生动植物提供食物及为河水提供良好的遮蔽。

③宜通过草本植物增加地表粗糙度，增强对地表径流的渗透能力和减小径流流速，提高缓冲带的沉积能力。

④宜兼顾旅游和观光价值，合理搭配景观树种。

⑤在经济欠发达地区宜选择具有一定经济价值的树种。

（2）缓冲带应防范外来物种侵害对缓冲带功能造成的不利影响，外来植物品种的引进应进行必要的研究论证

（3）缓冲带植物种类的设计，应结合不同的要求进行综合研究确定

（4）植物的种植密度或空间设计，应结合植物的不同生长要求、特性、种植方式及生态环境功能要求等综合研究确定，一般要求可参照如下

①灌木间隔空间宜为 100 ~ 200 cm；②小乔木间隔空间宜为 3 ~ 6m；③大乔木间隔空间宜为 5 ~ 10 m；④草本植株间隔宜为 40 ~ 120 cm。

3. 缓冲带景观设计要求

景观设计宜以植物多样性为基础，构建稳定的、景观层次鲜明与优美的复合生态系统。其遵循原则为以自然景观为主；注重人工景观与自然景观的协调性；体现生态价值的景观美学。一般要求如下：①提出合适的景观功能定位；②空间及平面关系适宜，平面布局合理，与周边建（构）筑物协调，空间感觉自然舒适；③景观主线明确，苗木、小品、水体等设置合理；④方案和理念先进、适宜，关键部位节点突出，有代表性；⑤工艺科学

经济，性价比高。

（二）缓冲带植物配置及栽种技术要求

1.缓冲带植物配置原则

缓冲带植物配置应结合生态恢复、功能定位等要求进行综合分析，一般宜遵循如下原则：①适应性原则，植物配置应适应缓冲带的现状条件，宜首先选择土著种，进行因地制宜布置。②强净化原则，宜选择对氮、磷等营养性污染物去除能力较强的物种。③经济性和实用性原则，宜选择在水体所在区域具有广泛用途或经济价值较高的生物物种。④多样性或协调性原则，应考虑缓冲带生态系统的生物多样性和系统稳定性要求，选择相互协调的物种。⑤观赏性原则，宜结合水体的观赏和休闲需要，综合考虑工程投资少、维护管理方便、易于实施的要求，选择部分适宜的观赏性物种。

2.缓冲带植物栽种技术要求

缓冲带植物一般由林地、草地、灌木、混合植被和沼泽湿地等组成，不同植被类型配置应满足缓冲带的功能需求。一般情况下，缓冲带植物配置的要求可参照如下：①植物恢复初期的建群种，宜选择具有较大生态耐受范围及较宽生态位的物种，以适应初期的生境状况。②缓冲带植物群落破坏较为严重、生态位存在较多空白的河段，宜进行人工恢复，引入合适的物种，填补空白的生态位，增高生物多样性，提供群落生产力。③植物配置在水平空间格局和垂直空间格局上，应重视人工恢复和群落自然建立的结合。④针对不同区域的特点，宜通过论证分析，进行生态型植物群落和经济型植物群落的结合布置。⑤应对缓冲带土壤的 pH 值、盐碱度、疏松状态、透水性、肥沃性等进行分析，研究确定是否采取置换或回填种植土、施肥、浇水灌溉等措施。

缓冲带的植物栽种宜制订详细的栽种计划，确保植物种植满足设计要求。一般情况下，宜编制种植计划和进度表，乔木和灌木应在休眠期栽种。草本植物栽种宜结合成活率或草籽发芽要求，择时栽种或撒播草籽。

第三节　生境修复技术

一、水动力改善及水力调控技术

（一）综合调水

综合调水可以有效改善黑臭水体的自净能力，有利于水体中污染物的扩散与稀释，有利于水体水质的改善。在进出水体河口建设双向水闸，在确保防汛安全的前提下，实施综合调水方案，改善水体及其支流的水质，满足景观和亲水要求。

利用原有闸坝系统或开辟新引水水体，引进一定量清洁的河水，通过优化引水量、时机、频率和方式，控制水体水流流向、水量，改善水体生境，在较短时间内改善水体水质。

（二）闸坝改造技术

通过闸坝改变入河支流水力学特性，控制科学合理的水位和水量，强化水体的复氧作用，提高污染物的降解速率，改善黑臭水体水质。

橡胶坝具有造价低，结构简单，运行管理方便，景观效果好，利于行、泄洪等优点。当水流溢过橡胶坝时，在坝面会产生跌落、紊动而进行曝气，水中 DO 含量会明显提高。

二、河底生物膜恢复技术

（一）技术概述

在黑臭河流重点区段建设河底生物膜恢复工程，改善其水体的水质，改善河道的基底，并恢复水体内的微生物、鱼、虾等水生生物，使其恢复一定的自净能力，同时增加景观效果。

（二）原理特点

河底生物膜主要利用微生物的作用来净化水体。通过在河道底部铺设细砂，提供很大的比表面积供微生物附着，当微生物在细砂表面上大量生长繁殖而又不被水流冲刷掉时，就形成了一层具有降解水中污染物能力的生物膜。当污染水体流过时，细砂间纵横交错的孔隙对水中的固体悬浮物、胶体物质等产生接触沉淀，并和生物膜发生物化吸附作用，初步净化了水体，使得透明度增加，生物膜进一步将这些有机物作为营养物质吸收利用。通过微生物的氧化分解，有机物转变为简单的含碳、氮、磷等的无机物，从而使得污染水体得到彻底净化，水质得以改善。

（三）技术设计

在河底铺设一层细砂，除具有安全覆盖的功能外，还可使其对水流产生接触沉淀、吸附和氧化分解作用，以此来改善水质，修复水体的生态环境。

河底生物膜恢复技术往往采用覆盖法，即在现有河床基础上铺设 30 cm 厚细砂。细砂可以起到砾石生物膜的作用，同时可以防止底泥中污染物的再度释放。

三、砾间接触氧化技术

（一）技术概述

砾间接触氧化技术是对天然河床中生长在砾石表面生物膜的一种人工强化。该技术对低污染水处理效果显著，在 20 世纪 80 年代之后的十多年时间里，在日本及欧美入湖河流治理中被广泛应用并取得了良好净化效果。据日本建设省统计，在日本全国实施的河流直接净化项目中有 80% 采用砾石接触氧化技术，接触时间一般为几个小时，净化效果很好，BOD 和 NH_3-N 去除率一般为 50% ~ 60%，悬浮物去除率为 75% ~ 85%。

（二）原理特点

砾间接触氧化净化系统通过引导目标处理水体流经填充砾石或其他人工滤材的处理槽，使污水与砾石或人工滤材表面的生物膜接触反应，达到水质净化的目的。砾间接触氧化法对污染物的去除主要通过接触沉淀、吸附、生物降解等多重作用完成的。砾间接触氧化法的砾间孔隙小，沉降距离短，砾石间形成连续的水流通道，当污水通过时，水中的悬浮固体因沉淀、物理拦截、水动力等原因运动至砾石表面而接触沉淀。水中有机物质与砾石表面接触，因砾石表面带电的缘故，导致水中有机物质吸附于砾石表面生物膜。同时，生长在砾石表面上的微生物或藻类会氧化分解其所吸附的污染物，并通过在生物膜表面和内部分别形成的好氧和厌氧环境进行硝化反硝化、作用除去氮，而磷的去除主要靠土壤及砾石的吸附作用。

（三）技术设计

砾间接触氧化法可分为两类，一类为砾间接触氧化法，另一类为砾间接触曝气氧化法，两者系统上的差别主要在于处理流程中是否增加曝气系统，而在应用上的差别则在于处理对象污染物浓度的高低。

砾间接触氧化技术的设施主要包括预处理设施、取水设施、净化设施，导流、放流设施。水质净化设施所需容积须根据水力停留时间和 BOD 容积负荷综合设计。砾间接触氧化技术的净化单元构造大致可以分为净化部和污泥堆积部。净化部为单元上部区域，当受污染河水经过净化部后，水中溶解性 BOD（D-BOD）和被生物膜截留的悬浮固体性 BOD（SS-BOD）在生物膜上进行降解。

第四节　非常规水源的补水水质净化与生态补水技术

一、再生水的准Ⅳ类水达标技术（TN 除外）

我国许多黑臭河道都存在生态基流匮乏的问题，造成了有水皆污、有河则干的现象。为了快速消除河道的黑臭，改善河道的水质，向河水里补清洁水源，是最有效的方法之一。北京市在再生水厂的建设方面处于领先地位，故在此重点介绍北京市的再生水厂。北京再生水厂在北京市河湖景观水、绿化浇灌水、工业用水以及冲厕和道路浇洒用水中发挥着重要的作用，尤其对北京市地表水的河流考核断面达标发挥着巨大的推动作用。

（一）清河再生水厂

清河污水处理厂位于北京市海淀区东升乡，在清河北岸，清河镇以东，规划流域面积为 159.43km²，服务人口 81.4 万。厂区总占地面积为 30.1hm²，其中一期工程占地 10.8hm²，二期工程占地 7.41hm²。清河污水处理厂是一座二级污水处理厂，一期工程采用活性污泥法倒置 A2/O 工艺，二期工程采用 A2/O 工艺，设计处理能力均为 20 万 m³/d，共计 40 万 m³/d，一期、二期工艺均具有脱氮除磷功能。

北京市清河污水处理厂再生水回用工程是北京市污水处理和资源化的重要工程，是奥运工程的配套项目。该工程建设规模为 8 万 m³/d，它以清河污水处理厂二级处理出水为水源，经过深度处理使水质达到回用要求，向海淀区及朝阳区部分区域提供城市绿化、住宅区冲厕用水等用途的市政杂用水，以及河湖水系定期补水、换水，尤其是作为奥运公园景观水体的补充水，对实现绿色奥运及北京市景观水体建设和污水资源化利用具有重要意义。

清河再生水厂在二级处理的基础上经过深度处理达到回用水的水质要求，其处理规模为 8 万 m³/d，其中 6 万 m³/d 作为奥运公园水面景观水体的补充水，2 万 m³/d 将用于向海淀及朝阳部分区域提供市政杂用水。回用水工程总投资人民币 1 亿元左右，占地 28600 m²。

1. 工艺流程

清河污水处理厂二沉池出水通过 DN1200 进水管线进入提升泵的集水池，经泵提升后进入预处理车间内的自动清洗过滤器进行过滤，以保证后续膜处理的正常使用，经过过滤的出水进入膜处理系统；膜处理后出水经过活性炭滤池进一步去除色度后进入清水池；出水在进入清水池前采用二氧化氯消毒，以保证管网内的余氯要求。最后通过配水泵房提升至厂外再生水利用管网向用户供水。

2. 运行效果

清河再生水厂自投产以来，系统稳定运行。目前，进水量未达到设计值，平均透膜压差在 7 kPa 的情况下，膜通量平均值为 16L/（m²·h），产水率为 91.4%，出水水质达到设计要求。工艺对水质有机物质、悬浮物及胶体物质去除率较高，出水 BOD5、CODcr、SS 及浊度分别为 1mg/L、20.5mg/L、< 5mg/L、< 0.2NTU，达到设计值。设计出水对 TN 没有要求，但为避免再生水进入水体后爆发水华，应进一步去除 TN、TP。从清河再生水厂工艺特点分析，无论是超滤还是活性炭吸附对 TN 去除效果均有限，考虑增加前置工艺，如反硝化滤池去除 TN。

（二）北小河再生水厂

北小河污水处理厂于 1988 年 9 月开工建设，1990 年 8 月正式投产运行，位于北京市区北部的北小河北岸，东临黄草湾村，西靠辛店村，北接辛店村路，占地面积 91 亩。流域范围内北以北小河以北约 400 m 为界，南到土城北路以北，东起广来路，西到昌平路，总流域面积 109.3 km²。已建成的北小河污水处理厂规模为 4 万 m³/d。

北小河再生水厂是在原北小河污水处理厂基础上改扩建而成的，改造工程总规模为10万 m³/d，分为两部分：①将原 4 万 m³/d 缺氧 - 好氧（A/O）工艺改为厌氧 - 缺氧 - 好氧（A2/O）工艺，出水达到城镇污水处理厂一级 B 标准排入北小河；②将建 6 万 m³/d 膜生物反应器（MBR）处理设施，出水（5 万 m³/d）经紫外线消毒后进入清水池，向北小河流域的亚运村、大屯开发区以及奥林匹克公园地区提供城市绿化、住宅区冲厕用水等用途的市政杂用水，向太阳宫热电厂提供工业冷却水，向该区域内的奥运湖、南湖渠公园、太阳宫公园、红花绿苑运动休闲园等湖水系定期补、换水，另外 1 万 m³/d 出水再经过反渗透（RO）深度处理后的高品质再生水输送至奥运公园中心区。

I. 再生水厂工艺

污水经过间隙 8 mm 格栅后由提升泵提升至出水井进入曝气沉砂池，然后分为两个系统：一个是原有二级处理系统的改造，规模为 4 万 m³/d，另一个是新建的再生水处理工艺，规模为 6 万 m³/d。

6 万 m³/d 的污水经过 1mm 细格栅后，通过电磁流量计计量水量，然后进入 MBR 膜生物反应池，去除 COD、BOD5、氮、磷等污染物，其中 5 万 m³/d 的出水经过 UV 消毒后，流入 MBR 清水池，在进入清水池前投加二氧化氯，以保证管网内的余氯要求。最后通过配水泵房提升至厂外再生水利用管网向用户供水。另外 1 万 m³/d 的 MBR 膜生物反应池出水经过 UV 消毒后，进入 RO 反渗透进行深度处理，然后进入 R0 清水池，最后通过配水泵房送至厂外高品质水管道向奥运公园供水。再生水处理工艺实现自动化控制，通过计算机可实现手动与自动控制。

2. 运行效果

北小河再生水厂 MBR 于 2008 年 4 月启动，启动初期属于微生物培养、驯化阶段，出水水质不稳定。随着温度的不断升高，污泥性状逐渐变好。分析 2008 年全年的进出水水质表明，MBR 对 COD、BOD、SS、NH_4^+-N、TP 的去除率达到 90% 以上，出水 BOD5、NH_4^+-N、色度、SS、TP、TN 分别为 3.9mg/L、0.5 mg/L、27mg/L、6.8 mg/L、0.30 mg/L、11.6mg/L。

二、污水处理厂Ⅳ类达标方案

（一）分子筛脱氮技术

针对多介质功能材料新型人工分子筛制备工艺中存在的原料转化率低、反应时间长以及能耗高等问题，提出了一种超导磁分离预处理 - 微波辅助的改进水热法连续生产分子筛工艺。在原料的预处理阶段，通过采用超导磁分离工艺，实现了分子筛原料的无毒无害、低成本、大批量高效分离处理。在分子筛的水热法合成过程中，通过利用除水器保持了反应体系中碱液的浓度，提高了反应速率，缩短了反应时间，而且减少了碱的使用量，降低了后续碱液处理的难度。同时合成过程中，通过采用微波辅助加热的方式进行分子筛的晶化反应，也大幅度缩短了晶化反应的时间，改变了分子筛传统的小批量生产方式，实现了大规模连续生产新型分子筛。采用上述方法合成的新型分子筛具有高阳离子吸附容量，特别是对铵离子具有高选择性，吸附容量大，铵离子交换容量是天然分子筛的150倍，铵离子选择系数95%～99%，可实现对 NH$_3$-N 等污染物的快速吸附，易再生重复使用。与天然分子筛相比，吸附性能大幅度提高。

分子筛再生：采用 NaCl 溶液进行再生，分子筛再生15次后，其 NH$_3$-N 吸附性能基本无变化。其吸附的铵解吸后可浓缩成化肥。

（二）人工湿地污水处理厂再生处理技术

1. 处理中水的构建湿地设计原则

中水处理的问题关键是 TN 超标的问题。湿地通过微生物的生物化学作用及植物的吸收同化作用去除 TN、NH$_3$-N 等污染物，而前者是最主要的、最根本的途径。处理中水的构建湿地的设计原则应是如何能够给微生物特别是硝化菌和反硝化菌的生长与发展提供良好的生境。具体原则如下：①在统筹（或综合）条件下，尽可能地使湿地床具有更大的比表面积；②湿地床具有调节碳、氮、磷比例失衡的能力，创造局部的碳、氮、磷的平衡；③湿地床能够具有一定保温效果，为微生物、湿地微生物实现脱氮功能提供良好的生境环境；④湿地床应具分区域减氨脱氮及除磷的功能。

2. 处理中水的构建湿地的选择

复合竖向流构建湿地在处理生活污水、微污染水源、景观用水方面有着广泛的应用。竖向流湿地的布水均匀，受湿地形状的限制较少。另外，竖向流或复合竖向流湿地的水力负荷一般比侧向潜流湿地大。

但是大量的实践表明复合竖向流构建湿地存在着一些不足：①在温暖季节，下行流构建湿地表面常会被大量生长的藻类、小型漂浮植物和菌膜覆盖，甚至布满整个湿地表面，湿地渗滤系数下降，水力负荷随运行时间增长而下降。此外，环境卫生状况差些，有时候很差。②由于复合竖向流湿地避免不了表面布水，在我国亚热带中、北部地区和温带地区的冷季，进水散热较快，床温相对较低，不利于微生物的生长繁殖，从而影响处理效果，在温带地区则可能因进水（特别是进水为中水时）而导致湿地无法正常运行，严重的甚至失效。③北方地区沙尘暴等恶劣天气带来的沙尘可能会影响下行流湿地的水力负荷。④复合竖向流构建湿地的床层填料的平均粒径较大，比表面积相对较小。⑤复合竖向流构建湿地流程较短，生物相谱多样性少。

侧向水平流湿地相对于复合竖向流湿地来说具有以下优点：①侧向水平流湿地保温效果较好，环境卫生状况较好；②侧向水平流湿地由于是侧向流动，受沙尘暴等天气的影响较小；③侧向水平流湿地可根据进水水质的情况，调节湿地床填料粒径的大小，尽可能地增大湿地床的比表面积；④侧向水平流湿地流程长，生物相谱多样性较多，净化效果好。

但水平潜流湿地的布水受湿地的形状影响较大，对于一些不规则的几何形状，很容易形成局部的短流现象。遇此情况可采取与上升流湿地相串联的方式解决，上升流湿地受几何形状影响小，而且受气温、表面颗粒污染沉降等影响较下行流湿地小。

根据湿地场址的情况，结合各类型构建湿地的特点，本设计采取以水平流构建湿地和上升流构建湿地相互结合的方式构建湿地系统。

3. 处理中水的构建湿地填料的设计

中水湿地采用砾石及另外三种新型湿地填料。新型湿地填料与传统湿地填料砾石比起来具有以下优点：①比表面比砾石大，对微生物的吸附、富集能力强，为微生物的生存提供了较大的比表面积；②对水中的有机物吸附富集能力更强，为富集在填料表面的微生物及后生动物提供了相对充足的有机营养源；③具有更强更长效的除磷作用，可在一定范围内调控 NH_3-N 和 TP 在湿地床中的迁移过程。

复合介质湿地床主要包括三大系统：砾石－沸石－木炭系统、砾石－木炭系统及砾石-高炉（钢）渣系统，这三大系统对湿地减氨、脱氮、除磷的过程分别进行强化。

砾石－沸石－木炭系统：此系统位于水平流湿地系统的前端，为强化的减氨、脱氮系统。通过物理及生物强化过程，构建适合脱氮微生物生存的生物环境，使脱氮菌族大量在此富集繁殖，从而加强了湿地前端的减氨、脱氮功能，为湿地后续的进一步深度处理提供了有利条件。砾石-沸石-木炭系统解决了传统构建湿地减氨、脱氮去除效率较低的缺点。

砾石—木炭系统：此系统位于水平流湿地中后段，亦为强化脱氮系统，但其脱氮功能的侧重点与砾石-沸石-木炭系统有所不同。此阶段加强了对水中有机物吸附、集蓄能力，协调解决运行系统中 C∶N∶P 严重失调而影响脱氮作用的问题。巨大的比表面积、较强的吸附能力，以及调节局部 C∶N∶P 的比例达到平衡的能力，是传统的湿地介质床所达不到的。

砾石－高炉（钢）渣系统：此系统位于水平流湿地及上升潜流的中后段，强化湿地的除磷能力。砾石－高炉（钢）渣系统，与传统湿地床相比具有了更强更长效的脱磷能力。

4. 湿地植物的选择

种植适应当地气候的物种，一般种植芦苇、各类香蒲、千屈菜、水葱、黄花菖蒲、再力花等水生植物。

参考文献

[1] 殷晓松 . 森林植被生态修复研究 [M]. 长春：吉林人民出版社，2020.

[2] 陆军 . 长江经济带生态环境保护修复进展报告 [M]. 北京：中国环境出版集团，2020.

[3] 赵景联，刘萍萍 . 环境修复工程 [M]. 北京：机械工业出版社，2020.

[4] 李晓勇 . 污染场地评价与修复 [M]. 北京：中国建材工业出版社，2020.

[5] 冯辉 . 工业纳污坑塘应急治理与综合修复 [M]. 天津：天津大学出版社，2020.

[6] 陈钦周，俞慧龙 . 杭州古代河道治理 [M]. 杭州：杭州出版社，2019.

[7] 朱国忠，李继才 . 城市黑臭河道治理技术与工程实践 [M]. 南京：河海大学出版社，2019.

[8] 刁艳芳 . 河道生态治理工程 [M]. 郑州：黄河水利出版社，2019.

[9] 杨金艳 . 环太湖出入湖河道污染物通量 [M]. 南京：河海大学出版社，2019.

[10] 赵敏慧，马建立 . 城乡小流域环境综合治理 [M]. 北京：冶金工业出版社，2019.

[11] 陈文元，徐晓英 . 高海拔地区河流生态治理模式及实践 [M]. 郑州：黄河水利出版社，2019.

[12] 杨艳，吴雪 . 滇池治理实践的成效与启示 [M]. 北京：中国环境出版集团，2019.

[13] 许建贵，胡东亚 . 水利工程生态环境效应研究 [M]. 郑州：黄河水利出版社，2019.

[14] 刘冬梅，高大文 . 生态修复理论与技术 [M]. 哈尔滨：哈尔滨工业大学出版社，2019.

[15] 黄晖，张浴阳 . 珊瑚礁生态修复技术 [M]. 北京：海洋出版社，2019.

[16] 刘金山，张兴疗 . 生态修复重塑美丽河南 [M]. 郑州：黄河水利出版社，2019.

[17] 王洪成，吕晨 . 城市生态修复的低碳园林设计途径 [M]. 天津：天津大学出版社，2019.

[18] 李玉超 . 水污染治理及其生态修复技术研究 [M]. 青岛：中国海洋大学出版社，2019.

[19] 薛祺 . 黄土高原地区水生态环境及生态工程修复研究 [M]. 郑州：黄河水利出版社，2019.

[20] 王夏辉，王波 . 山水林田湖草生态保护修复基本理论与工程实践 [M]. 北京：中国环境出版集团，2019.

[21] 陆军，孙宏亮 . 长江经济带生态环境保护修复进展报告（2018）[M]. 北京：中国环境出版集团，2019.

[22] 朱喜，胡明明 . 河湖生态环境治理调研与案例 [M]. 郑州：黄河水利出版社，2018.

[23] 段云霞，石岩 . 城市黑臭水体治理实用技术及案例分析 [M]. 天津：天津大学出版社，2018.

[24] 杨爱英 . 异龙湖水污染治理典型工程环境效益评价 [M]. 昆明：云南大学出版社，2018.

[25] 蔡进强 . 小城市生态系统建构研究与实践 [M]. 济南：山东大学出版社，2018.

[26] 崔松云，肖林.昆明市城市防洪安全及保障对策研究[M].昆明：云南大学出版社，2018.

[27] 傅大放，朱腾义 . 乡村低影响开发技术 [M]. 南京：东南大学出版社，2018.

[28] 王永禄 . 生态修复看兴国 [M]. 郑州：黄河水利出版社，2018.

[29] 赵宇 . 设计：自然、人、自然过程和生态修复 [M]. 重庆：重庆大学出版社，2018.

[30] 刁春燕 . 有机污染土壤植物生态修复研究 [M]. 成都：西南交通大学出版社，2018.

[31] 陈友媛，吴丹 . 滨海河口污染水体生态修复技术研究 [M]. 青岛：中国海洋大学出版社，2018.

[32] 赵阳国，郭书海 . 辽河口湿地水生态修复技术与实践 [M]. 北京：海洋出版社，2018.

[33] 尚梦平，卞玉山 . 黄河下游山东灌区泥沙系统治理研究 [M]. 郑州：黄河水利出版社，2017.

[34] 高治定，宋伟华 . 水文气象学分类及其在黄河治理中的应用 [M]. 郑州：黄河水利出版社，2017.

[35] 刘冬梅，高大文 . 生态修复理论与技术 [M]. 哈尔滨：哈尔滨工业大学出版社，2017.